家庭绿植 *JiaTing lüzhi*

零基础种养全图解
Ling JiChu ZhongYang Quan TuJie

她 品 主编

中国农业出版社

U0229862

图书在版编目（CIP）数据

家庭绿植零基础种养全图解 / 她品主编. -- 北京 ：
中国农业出版社，2013.9
　　ISBN 978-7-109-18085-7

　　Ⅰ．①家… Ⅱ．①她… Ⅲ．①观赏园艺－图解 Ⅳ.
①S68-64

　　中国版本图书馆CIP数据核字(2013)第154801号

策划编辑　黄　曦
责任编辑　黄　曦
出　　版　中国农业出版社（北京市朝阳区麦子店街18号　　100125）
发　　行　新华书店北京发行所
印　　刷　北京三益印刷有限公司
开　　本　880mm×1230mm　1/32
印　　张　5
字　　数　160千
版　　次　2014年 1 月第1版　2014年 1 月北京第1次印刷
定　　价　32.00元

（凡本版图书出现印刷、装订错误，请向出版社发行部调换）

目录

第一章

一米阳光一抹绿，
打造我的植物梦园

第二章

红花绿叶迷人眼，
美丽种养享不停

夏季美植

秋季美植

冬季美植

多季美植

第一章

一米阳光一抹绿,

打造我的植物梦园

植物改变家居，
家居改变生活

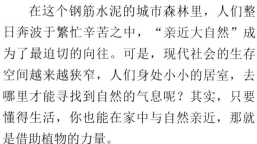

在这个钢筋水泥的城市森林里，人们整日奔波于繁忙辛苦之中，"亲近大自然"成为了最迫切的向往。可是，现代社会的生存空间越来越狭窄，人们身处小小的居室，去哪里才能寻找到自然的气息呢？其实，只要懂得生活，你也能在家中与自然亲近，那就是借助植物的力量。

没错，植物是城市中人们亲近自然的使者。如今，家养绿植成为了一种时尚，更成为了许多人的生活方式，在家中动一动手，拨一拨土，花上十几分钟的时间，在花盆中劳作片刻，便能享受到如同置身于郊外清新空气中的快乐，便能采撷到大自然的美丽风情。

别把伺候这些花花草草的事情想得那么困难，事实上，只要拥有一颗热爱生活的心，将最适合自己的植物请进门，就能将自然的轻松惬意带回家。比如进门处的一两盆万年青，餐桌上一小束恬淡的康乃馨，书房

中一株小小的文竹，阳台上一排色彩艳丽的雏菊，便能将你的居室装点得绿意盎然，令你仿佛身处自然的环绕之中，呼吸着清新的空气与馥郁的花香，恍然间忘了生活中的种种烦恼琐事，灰暗的心情也会变得生机勃勃起来。这就是植物的力量，它们会通过改变你身处的环境来改变你的心情。在高楼林立的房子里，只要你用心，大自然就可以轻松地被你从户外邀请入室。让我们住在大自然里，开始健康的居家生活。

分门别类，
小绿植品种大不同

要想让绿植成为你亲近大自然的使者，还得先认清它们的品种才行。只有知道了种类的不同，才能根据自己的需要去选择最适合自己居室的绿植。一般来说，绿植可以分为草本、木本和多肉这三类。

草本植物，绿植中的"小家碧玉"

所谓草本植物，是指茎、枝、叶都比较柔软且木质部不发达的植物。草本植物的茎通常称为草质茎，它们对土壤的要求相对不高，只要求土壤疏松肥沃，保水性和透水性好，团粒结构优良即可。但是它们也有弱点，那就是柔软易折断。按照生长时间的长短，草本植物可以分为一年生草本植物、二年生草本植物及多年生草本植物几种。

 一年生草本植物：一年生草本植物主要是指当年播种、当年开花、当年死亡的一年生植物，比如一串红、半枝莲、百日草、千日红等。需要注意的是，一年生草本植物不耐寒，千万不要选在秋天或冬天播种，否则娇弱的种子会因忍受不了霜冻而死，人们就很难看到其花开的场景。

 二年生草本植物：二年生草本植物顾名思义，就是跨越两个年份，即第一年播种、第二年死亡的植物，有金鱼草、三色堇、石竹、紫罗兰、桂竹香、虞美人等。一般来说，二年生草本植物具备一定的耐寒力，播种时间宜选在天气凉爽的秋天。

 多年生草本植物：多年生草本植物的茎叶有两种情况，一种是以观花为主的"宿根植物"——地上茎叶终年保持常绿，地下根部正常，且能存活达数十年的植物，如文竹、四季海棠、桔梗、萱草、兰花草、万年青、麦冬草等。另一种是"球根植物"——每年冬季地上茎叶枯死，地下根部膨胀成洋葱状后休眠，到了春季再从地下萌生新芽，长成植株的植物，如美人蕉、菊花、芍药、大丽花、鸢尾、玉簪、水仙、百合、郁金香、风信子、唐菖蒲、小苍兰、君子兰、仙客来、朱顶红、马蹄莲等。

木本植物，"大家闺秀"落落大方

和草本植物这样的"小家碧玉"相比，木本植物更像是"大家闺秀"。相对来说，它的木质部更加发达，枝干坚硬，生命力也更加顽强。木本植物一般能存活数年，不仅内在气质沉稳，易于栽种，外型上更是落落大方，以观花、观果为主。木本植物有终年常绿型和秋季落叶型两种，因其外在形态不同，可分为乔木、灌木、半灌木三种类型。

❶ 乔木类植物：乔木是指主干和侧枝区别较大、植株高大、高度达数十米的植物，如木棉、槐树、火焰木等，大多不适合盆栽。

❷ 灌木类植物：灌木是指主干和侧枝没有明显区别，呈丛生状生长，植株矮小的植物，如扶桑、夹竹桃、月季等，大多适合盆栽。

❸ 半灌木类植物：半灌木是指没有明显主

家庭绿植零基础种养全图解

干且植株低于1米以下的植物。其上枝为草质，仅茎的基部木质化，并于花后或冬季枯萎死亡，如长春花、决明子和牡丹等。

多肉植物，肉质丰厚的"懒人最爱"

多肉类植物是指根茎叶都肉质丰厚、含水量较多的植物。这类型植物极易栽培，是懒人的最爱，它们吸水和储水能力很强，可以说是最适合懒人栽种的植物。多肉类植物的外形多种多样，通常可分为两种，即叶多肉植物和茎多肉植物。

① 叶多肉植物：这类植物的贮水组织大多分布在叶片中，使叶片显得十分肥厚，而茎的肉质化程度却并不明显，甚至某些种类的茎部稍呈木质化。如番杏科、景天科、百合科和龙舌兰科中的大多数种类都属于叶多肉植物。

② 茎多肉植物：这类植物的叶子大多退化，其茎呈绿色且较为突出，能代替叶进行光合作用。少数种类只有新茎的生长点附近长有很小的肉质叶，但很早就脱落了。如大戟科、夹竹桃科中的许多种类都属于茎多肉植物。

零基础菜鸟
选购绿植必备守则

认识了绿植的种类，就可以开始选择最适合自己的植物了。一般来说，人们常会选择去植物市场购买绿植，无论是购买种子还是现成的植株，其实都需要懂得一些必备的原则。

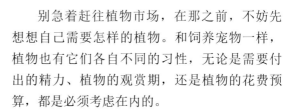

选购绿植必备守则之一：想想你最需要的植物。

别急着赶往植物市场，在那之前，不妨先想想自己需要怎样的植物。和饲养宠物一样，植物也有它们各自不同的习性，无论是需要付出的精力、植物的观赏期，还是植物的花费预算，都是必须考虑在内的。

❶ 想想你能为植物花费多少精力。无论哪一种花草植物，都必须经过长期的认真栽培养护，才能健康生长。如果养花者不加以精心呵护，三天打鱼，两天晒网，植物不仅无法维持健康茂盛的长势，而且可能很快会生病甚至枯死。尤其对于刚开始学习养花的人来说，由于经验不足，更需要花费一定的时间和精力来照顾自己的花草植物。

经验不足的人养花，一般最好选择适应性比较强的植物，比如铁树、一叶兰、吊兰、石竹、万年青、太阳花等，但即使是这些植物，仍然需要根据科学规律来进行精心的栽培。所以，要想挑选家养绿植，首先要想想自己是否有足够的时间和精力。

② 想想你要购买观赏期多长的植物并确定观赏目的。花草植物的观赏期是不一样的，有些比较长，而有些则非常短。一般来说，以观叶为主的植物，观赏期是比较长的，比如铁树、一叶兰、龟背竹、文竹、吊兰、八角金盘、南天竺、棕竹、伞草、虎耳草、天门冬、水竹草（鸭跖草）、吉祥草等，以及蔓性观叶植物如常春藤、爬山虎等，因为观赏期比较长，所以许多喜欢在室内以花草为装饰的人都会选择这类植物。而以观花为主的植物，如果以观花为目的，观赏期比较短，因为一般植物的花期都不长，大多数只能季节性观赏。但观花植物如果是多年生花草植物，在非开花季节里还可以观赏绿叶，而且某些为常绿品种，可以全年观赏。

③ 想想你愿意为植物花多少钱。家养花草植物都以盆栽型的为主，但也有水培类的植物，不同种类的植物价格千差万别。此外还要注意的是，那些价格比较昂贵的植物，种植起来往往比较困难，比如有些生长很缓慢，而有些甚至难以繁殖，种植者一不小心就可能"种死"。所以并不内行的养花者，不妨先选择价格比较适中的植物来种植。而即使是同一种花草植物，价格也不

尽相同。一般来说，同类植物中规格越大，则价格也会越高。所以在一开始的时候，不妨选择规格比较小的植株，买回家之后，慢慢学习栽培技巧。

选购绿植必备守则之二：一敲三看挑选最健康的绿植。

在想清楚以上三个问题之后，就可以带着明确的目标前往植物市场了。在挑选植物的时候，大多数情况下，零基础的"菜鸟"们都会选择购买现成的盆花，这时还得注意"一敲三看"的原则。

所谓"一敲"，是指在买花时，通过敲打花盆来确定植物质量的好坏，换句话说，就是确定植物是否"服盆"，而不是新上盆的。

方法很简单，即在植物没浇水的情况下敲打花盆，如果发出"滴"的清脆声，那表明绿植刚上盆，植物和泥土互不适应，尚未发展到"相亲相爱"的地步，这种植物的存活率是个未知数，最好不要购买。如果敲击花盆时发出"咚"的沉闷声音，则表明植物上盆已有些日子了，绿植和泥土已相互适应，这种植物栽培起来存活率高。

而所谓"三看"，是指看花芽、花叶和营养土。如果植物的顶芽被折断了，则表明此植物将来会长势不好，不能发展成"美人胚子"；如果植物叶片有明显耷拉现象，说明该植物快要枯萎；如果叶片太过油亮，则可能是喷洒了亮光剂，这时不妨用干净抹布擦擦叶片表面，若有像蜡一样的东西出现，表明叶片被人工处理过。

如果芽和叶都一切正常，则看看栽培其植物的营养土土质如何，若土质太过松散，则表明植物营养不足，买回去极易枯萎；如果土质松紧结合，用手按还有微微的弹性，那就可以放心地将那盆花苗"娶"回家了。

当然，如果你想要享受植物从播种到发芽、再到开花的全过程，那么就必须选购花种了。这时最好选杂交一代的种子。这样长出来的植株才会"根正苗红"，因为一代杂交种子具有明显杂种优势，一般成型后的植物，比普通种子种出的植物漂亮得多。挑选培育好的球根形种子时，一定要挑选坚实、无霉烂的球体，已发芽或已出根的最好不要选，因为种子一旦适应了花店的培养环境，再转换环境就会增加其死亡率。

选购绿植必备守则之三：注意绿植与居室的"相性指数"！

无论选购怎样的植物，都必须与你的居室状况相一致。要知道，植物必须在适合的环境里才能健康生长。

所以，必须要想想家中的环境与条件。如果家中阳光充足，阳台上一年四季都能晒到太阳，那么不妨选择喜光植物；如果你的居室比较背光，那么喜光植物很可能无法存活，最好选一些喜阴植物来进行种植。

而在植物数量上，也要根据居室的要求来决

定。家养植物由于受条件限制，多半以盆栽为主。一般家庭种花不要太多，以10～15盆为好，品种最好是观叶、观花、观果、闻香等都能兼顾，确保品种丰富多样。如果你的居室面积超大或偏小，可以参考以下方式计算家中应该摆放植物的数量，即每10平方米左右的空间一盆，而不是局限于10～15盆的定量。

绿植种养工具
大解析

虽说种植植物并不是一件多么艰难的事，但也别把它想得过于简单。正所谓"工欲善其事，必先利其器"，要想养好绿植，还必须得做好准备工作才行。不仅要好好学一学绿植养技巧，更要备好一些必需的工具。

花盆——将绿植请入最佳"居室"

人类需要给自己安排最舒适的居室，植物也需要有个温馨的小家才能健康成长。所以，花盆的挑选显得尤为重要。花盆种类繁多，有泥盆、石盆、瓷盆、木盆、塑料盆等，每一种都各显其能。在选购花盆时，一定要了解各类花盆的优缺点，然后根据自己的需要进行购买。

1 泥盆。泥盆又称为瓦盆，在一般情况下，是最适合家庭盆栽用的花盆。因为泥盆的透气性和渗水性都非常好，对家养植物生长尤其有利。最为独特的是，泥盆上有无数肉眼看不见的细孔，非常有利于植物吸收阳光进行光合作用。泥盆因其产地的不同，外形和性能也会各不相同，南方生产的泥盆一般做工比较粗糙，颜色暗黄，盆口浅，口径大，适合用来栽培植物的幼苗；而北方生产的泥盆色泽一般是鲜黄色，口径大小不一，型号众多，通常用来栽种家庭成品盆栽。

泥盆也有一定的缺陷，那就是它的质地一般较差，很容易破碎。所以在购买泥盆时，首先要看看是否有裂缝、破碎的现象。

2 石盆与瓷盆。这两种盆都属于涂釉盆，这类盆比泥盆坚固耐用，而且款式多种多样，外形非常美观，对土壤的保湿程度也非常稳定。

但涂釉盆的缺陷就是不透气、不渗水，如果是盆栽植物，涂釉盆对它们的生长是非常不利的，因此，涂釉盆一般只适合用来做套盆使用，摆在客厅、角落里装点房间。

3 塑料盆。所有花盆中最轻盈、最便宜的一种，也正因为其造型优美、质地轻便，所以多半用来悬挂、种植吊兰等植物。但这种花盆透气性较差，浇水后不易干燥，因此要严格控制浇水量。

❹ 陶盆与紫砂盆。这类盆质量和瓷盆相似，排水性能较差，只有微弱的透气性，但造型美观，很适合用来装点家居用，因此多半也是用来做套盆使用。

选购花盆时，除了要看其材质，还要看其大小。一般高度不超过10厘米的花盆称为浅盆，适合播种、育苗等；口径比高度大半倍左右的是普通花盆，一般植物都可使用；那种口径高度相等的筒子盆，就适合栽种根系发达的植物。但无论是哪种花盆，一定要保证盆底有排水孔才行，就像舒适的鞋子一定会配备一双柔软的鞋垫一样。

水壶——给绿植补水的最佳帮手

凡是养花人，都对水壶非常熟悉，它能帮助人们给植物补充水分。水壶按其功能分，可分为喷壶和喷雾器两种。

❶ 喷壶。喷壶的主要作用，就是用来给植物浇水，让植物和泥土保持湿润。喷壶的喷头有细眼和粗眼之分，最好两种各备上一个，叶片洒水用粗眼喷头，播种或扦插盆栽时则用细眼喷头。为了减弱水的冲力对小苗的伤害，可以在喷水时将喷头朝上，让水在空中划出一个完美的弧线，依次从上而下浇到植物根部。如果是给盆土浇水，可以卸掉喷头，让喷嘴靠近花盆，慢慢地浇水，使水分逐步渗透到底层。

喷壶还可用作植物喷雾保湿，比如喷洒水珠

家庭绿植零基础种养全图解

到火鹤花、观赏凤梨等喜欢潮湿环境的植株上，对其生长极有帮助。但一般不建议直接往植株上浇水，尤其是植株上有毛的植物，如报春花、仙客来等，以免影响植物吸收光线，干扰植物的正常生长。

⑫ 喷雾器。喷雾器主要用来喷洒药剂，防治植物的病虫害，也可以用作给植物喷洒稀释的化肥，帮助植物增强营养。若是赶上扦插繁殖，将其用来给叶片喷水雾，可以大大提高植物的存活率。

但必须注意的是，喷雾器停止使用后，需要细心地保养：先将器皿内多余的药液倒掉，然后用碱水仔细清洗药液桶、胶管、喷杆等部件，最后用清水冲干净，晾干放置。这样可以避免喷雾器内残余的农药腐蚀器皿，也可以防止喷雾器受潮生锈，影响使用寿命。

剪刀——缺一不可的妙手修剪道具

说到种植过程中所需要的剪刀，目的当然是用来给植物修剪整形了。植物的修剪，除了可改善植物植株形状，让其更美丽、更整齐外，还可清除多余杂乱的枝条、疏剪过密的枝条以及减去残枝、病枝，以调节现有枝叶的营养和长势，促进新枝的萌发。

另外，给植物修剪枝叶还可预防病虫害，因为枝叶太过繁茂就会阻碍植物通风透光，从而滋生细菌，诱发病虫害。家庭园艺中常用的剪刀有稀果剪、稀花剪、修枝剪等，每种剪刀都有其侧重点，可根据修剪植物的不同来取舍和购买。当然，若能在购买时向营业员咨询剪刀的用处、使用细则就更好了，以免自己费工夫瞎折腾。

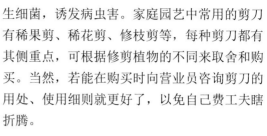

花锄，松土、换盆、除草之必备利器

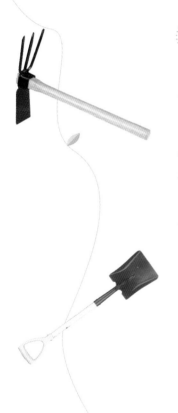

给植物除草是养护植物的重要环节，因为杂草会和植物抢夺地里的营养，从而干扰植物的正常生长和发育。另外，经常下雨、浇水不当等原因，会引起盆土板结，影响土壤的透气性和排水性，因此，养花人要经常给植物中耕松土，以恢复土壤的健康面貌。

中耕可减少土中水分蒸发，使表土孔隙增加，便于植物吸收养分。但除草和松土都需要用到一种工具——花锄。花锄的种类有小花锄和小竹片两种，小花锄常用于对成片花坛进行整理时使用，而小竹片则用于盆栽植物。

在每次中耕时都应同时清除盆中杂草，但并不是每次清除杂草都要同时进行中耕。家庭植物中耕每年进行一次即可，中耕的深度以不伤植物根部为原则，植物根系深，则可深耕，根系浅则可浅耕。

绿植生存法则：
土壤、水分、阳光和温度

　　买回最合心意的植物种苗或种子，备好了齐全的工具之后，就可以开始进行种养了。种养植物是门学问，但是对新手来说，只要掌握最基本的几个要素，在种养过程中就能本着"万变不离其宗"的原则，进行游刃有余的操作。对于植物来说，它们赖以生存的要素就是土壤、水分、光照与温度，所以新手们只要在种植过程中掌握了这几点，就能充满信心地与植物们和谐相处了。

土壤，植物们的生存"宅基地"

　　土壤与植物的接触最为亲密和直接，不仅为植物的根部保驾护航，避免根部遭到风吹日晒，还为植物提供生长所需的矿物质、有机物、水分、氧气等营养元素，并担负着植物根部的通风、保温、蓄水等职责。所以，一定要为植物选择最适合的质地。所谓质地，指的是土壤的整体条件，组成土壤矿物质颗粒的大小不同，它们在土壤中所占的比例也不同，因而形成了质量不同的土壤。一般来说，天然的养花土壤有以下这三种，可以根据自己的具体需求来选择：

　　❶ 砂土。砂土的颗粒空间很大，其优点是土壤透气透水性良好，而缺点则是保水保肥能

力差，土壤温度变化大，不利植物根部呼吸。在阳台种植过程中，如果需要进行植物的扦插繁殖，或是栽种耐干旱的多肉类植物，则可以使用砂土。

❷ 黏土。黏土的颗粒空间比较小。其优点是保水保肥能力强，土壤温度变化小，而缺点是土壤通透性差，排水性不好。在阳台种植过程中，普通植物的种植都不建议单独使用黏土，但可以与砂土混合使用。

❸ 壤土。壤土的颗粒空间比较适中，透风透水性都不错，保水保肥能力也强，且土壤温度稳定，富含大量有机质，所以适合大多数植物的栽培，是居家种植的理想用土。

水分，植物生长发育的生命之源

一般来说，植物的需水量因其品种、生长时期、季节的变化而变化，按照不同植物的需水要求，可以将植物分为以下几类：

❶ 旱生植物。这种植物对水分要求不高，即使在空气和土壤都很干燥的环境中，依然能继续生长。这类植物一般属于仙人掌科、景天科，主要产于炎热的干旱地区，为了适应当地干旱的环境，它们的外部形态和内部构造都有着独特的特征，比如叶片变小或退化，变成了刺毛状、针状，或是肉质化；表皮层角质层加厚，气孔下陷；叶表面具茸毛以及细胞液浓度和渗透压变大等，这些特征都是

为了减少植物体水分的蒸腾。此外旱生植物的根系都比较发达，这是为了增强吸水力，从而更加适应干旱的环境。总之，旱生植物具有耐旱、怕涝的习性，可以长期不浇水，如果浇水过多，还容易引起烂根、烂茎，甚至死亡。

典型的旱生植物主要有：仙人掌、仙人球、景天、石莲花等。

2 湿生植物。这种植物一般原产于热带的沼泽地或者阴湿的森林中，它们的耐旱性非常弱，它们的根和茎能适应水中氧气不足的环境，所以有的湿生植物可以常年生活在水中。所有的湿生植物都需要生活在潮湿的环境中才能健康生长。所以在栽培这种植物时，就需要频繁浇水，保证泥土一直保持在湿润的状态中，坚持"宁湿勿干"的浇水原则。

典型的湿生植物主要有：热带兰类、蕨类和风梨科植物，此外还有马蹄莲、龟背竹、海芋、广东万年青、千屈菜等。

3 中生植物。中生植物顾名思义，它对水的需求正好介于旱生植物和湿生植物之间，这类型植物的数量最多。中生植物在湿润的土壤中生长，长大后的植株有的耐旱，有的耐湿，浇水次数因根部入泥的深浅而定，入泥深可少浇，入泥浅则多浇。

典型的中生植物主要有：月季、扶桑、苏铁等。

光照，万物生长靠太阳

　　光照是植物生长发育的必要条件，植物体内叶绿素和花青素的形成、气孔开闭、蒸腾作用、水分及营养物的吸收等，都受到光的影响。光照充足时，光合作用强，积累下的养分就多，植物就能生长良好，发育健壮。

　　但每种植物在其生长发育过程中，对光照都有不同的要求，有的需要在强光下才能生长良好，有的则需在半阴的环境中才能生长。按植物对光照需求度的不同，可将植物分为长日照、中日照和短日照植物。

　　❶ 长日照植物：每天需超过12小时的光照，才能分化发芽，喜欢强光而不耐荫蔽。这类型的花较多，且生长旺季多在夏季。

　　典型的长日照植物有：海棠、月季、石榴、牡丹、茉莉、米兰、菊花等。

　　❷ 中日照植物：对光照不敏感，长、短日照均可照常分化发芽，但通常不喜强光，耐阴能力一般。

　　典型的中日照植物有：桂花、香石竹、矮牵牛花、腊梅等。

　　❸ 短日照植物：这

种植物每天需要光照的时间很短，少则几分钟，多则几小时，以弱光和散射光为主，具有较高的耐阴能力。

典型的短日照植物有：杜鹃、山茶、绣球花、万年青、吉祥草、玉簪等。若是家中条件有限不能给植物提供充足的阳光，短日照植物是不错的选择。

温度，植物也需要你的嘘寒问暖

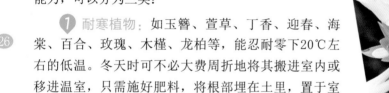

温度是影响植物生长是重要条件之一，它能影响植物的光合作用、呼吸作用、蒸腾作用、水和矿质元素的吸收、营养物的运输和分配等。根据植物的抗寒能力，可以分为三类：

1 耐寒植物： 如玉簪、萱草、丁香、迎春、海棠、百合、玫瑰、木槿、龙柏等，能忍耐零下20℃左右的低温。冬天时可不必大费周折地将其搬进室内或移进温室，只需施好肥料，将根部埋在土里，置于室外朝阳避风的地方即可。

2 稍耐寒植物： 如龟背竹、文竹、吊兰、天门冬、昙花、菊花、芍药等，大多能耐零下5℃左右的低温。天气极度寒冷时，有的需要包草保护才能越冬，有的需要在0℃以上的室内越冬，还有的可和耐寒植物一样置于室外。品种不同，采取的措施也不同。

3 不耐寒植物： 如蝴蝶兰、米兰、白兰、蕙兰、茉莉、君子兰、马蹄莲等，在冬天时一定要搬进温度在5℃以上的室内，及时采取保暖措施，否则这类植物一受到冷空气侵袭就会枯萎，来年就无法看到其花开的样子了。

新手一学就会的
简易种植课

　　"伺候"植物们的工作表面看似简单，其实非常考验一个人的耐性。当你了解了植物们的需求，就需要根据它们的需求来进行有针对性的种养。无论是给它们换盆、浇水、施肥还是修剪，简单的小动作都蕴含着无尽的大学问，想要成为绿植达人，就从最简易的种植课开始吧！

给绿植上盆，花花草草搬新家喽

　　花盆是花草的家，也是花草赖以生存的地方。我们知道了各式花盆的种类与优缺点，在选好合适的花盆之后，就要将花草好好安顿在内。所以，"上盆"是一个不能忽略的过程。

　　所谓上盆，就是第一次将花苗栽入盆内的工作，这是养花的第一项重要作业。很多花草从商店里买来，还仅仅是裸根植物，简单地包在纸中，需要拿回家后栽培到盆里；还有些花草在购买时，商店就会附赠花盆，但花盆可能有破损、碎裂等现象，又或是花盆质量不佳、透气性不好、外观不够漂亮，买回家后需要重新换盆。所以，熟悉上盆的知识，对于新手来说非常重要。

在上盆之前，首先必须根据花苗的大小来选择合适的花盆，然后用碎瓦片或金属网丝将花盆的底孔盖上，以免盆土漏出，弄脏家中的地板。接下来，要根据花苗根系的大小，在花盆中填入1/3或2/3的培养土，然后将花苗植入盆中，这时一定要注意，必须将植株扶正，不能歪斜，最好请帮手在一旁帮忙。让植株保持直立的角度，然后继续往盆中填土，直到土可盖住根颈部1～2厘米。在上盆完毕之后，还应该立即给植物浇一次水，以水从花盆的底孔渗出为好。

浇水，给花花草草们解解渴

很多初学种植者经常将花草"养死"，其中很大一部分原因就是浇水不当，刚买回的植物还没来得及欣赏几天，就死于人为导致的"水灾"或是"旱灾"了。所以，浇水的工作看似平常、简单，实际上大有学问可言。

❶ 用水选择要谨慎。一般来说，雨水和雪水是最为理想的浇花水，因为这两种水都不含矿物质，又含有

较多的空气，很符合植物对水质的要求。不过这两种水在都市中很难求得，而普通的自来水则"得来全不费工夫"，因此自来水现在是都市中最常见的浇花水。

但使用自来水浇花时，应注意不要用新放出来的自来水浇花，因为城市中的自来水大多经过消毒处理，水中含氟较多，直接用来浇花会干扰植物对水中营养物的吸收。应将自来水倒入缸中存放或晾晒1~2天，使氯气挥发了再用。也可在自来水中加入少量明矾或米醋，使其呈微酸性，或是将自来水烧开放凉后再浇花，都会更有利于植物对水分的吸收。

2 浇水方式花样多。一般来说，常见的浇水方式有从花盆上方浇水、垫盆浇水、沙柱浇水和绳吸浇水四种。但对于初学者来说，只要掌握前两种方法即可。

从花盆上方浇水，可采用喷浇的方式，也可采用灌溉的方式，喷浇多是往植物周边的空气和部分叶片中喷洒水分，能降低气温，增加环境湿度，冲洗叶面灰尘和杂质，减少植物蒸发水分的概率，提高光合作用。当然，盛开的花朵和绒毛较多的植物不宜采用直接喷浇的方式。经常喷浇的植物枝叶干净，能大大提高植物的观赏价值。如果家中没有喷壶，可直接用杯子等容器灌溉盆面，但记得要定期用抹布清洗叶面，以利于植物更好地生长。

这种传统的浇水方式，其优点是非常简

单、省事，可也有一定的弊端，那就是时间久了，很容易造成土壤逐渐板结干裂、保水能力下降，导致土壤中的养分逐渐流失，不利于植物根部生长发育。

垫盆浇水法和普通的浇水方式不一样，这种方法是将花盆整个放到另一个较大的清水盆中，使水分通过盆底浸润土壤，从而达到为植物浇水的目的。这种方式的浇水对防止土壤板结有一定的好处，能促进根部发育，有利植物健康生长。

但需要注意的是，经常采用垫盆浇水法，土壤中的盐分便会随着水含量上升，使得盐分聚集在土壤表面和花盆边缘，容易损伤附近的根茎，对根部发育有一定的害处。

施肥，给植物们加点儿"补品"

小小的花盆毕竟无法与大自然的广袤土地相提并论，花盆中的土会变得越来越贫瘠，如果任其自由发展，植物们会越来越缺乏养料。所以，想要家养花也日日灿烂开放，就必须适时补点"营养品"才行，那就是肥料。一般来说，肥料分为有机肥和无机肥两种。

1 有机肥。有机肥包括动物性有机肥和植物性有机肥。动物性有机肥包括动物的废弃物和排泄物、禽畜类的羽毛蹄角和骨粉以及鱼、肉、蛋类的废弃物等；而植物性有机肥则包括

豆饼及其他饼肥、芝麻酱渣、杂草、树叶、绿肥、中草药渣、酒糟等。

有机肥一般都含有丰富的氮、磷、钾和许多微量元素，对植物来说养分非常全面，生效比较慢，但是效果持久。在使用前，一定要经过充分的发酵腐熟，否则会损伤植物的根系。目前，室内养花常用的有机肥主要有各种饼肥、骨粉、草木灰等。

❷ 无机肥。 无机肥也就是俗称的"化肥"了，是用化学合成的方法制作而成的，也有些化肥是天然矿石加工制成。无机肥的养分含量比较高，但元素比较单一，生效的速度比较快，而且比有机肥要干净、卫生得多，所以目前许多养花者都使用的是无机肥。无机肥分为氮肥、磷肥和钾肥，其中氮肥主要能促进植物枝繁叶茂，磷肥主要能促进花色鲜艳，让果实更大；而钾肥主要能促进植物枝干的生长，并

且让根系健壮。

目前，市场上有很多植物使用的无机肥出售，这类化肥大多与土壤结合力强，很少流失，营养元素齐全，浓度高，肥效较长，而且清洁卫生，不污染环境。但需要注意的是，无机肥使用的时间过长，很有可能会造成土壤的板结，对于植物生长是十分不利的，所以最好与有机肥混合使用，这样效果更好。有机肥和无机肥都有各自的优缺点，一般种植者采用的都是二者轮流使用的方法。

修剪，植物"理发"也关乎健康

很多零基础的"菜鸟"们会觉得，修剪植物只是为了让它们更加漂亮，其实不然。对植物来说，适时的修剪不仅是为了保持美丽的外形，也是为了让它们更加健康地成长。对植物进行修剪是有讲究的，具体包括修枝、疏剪、短截和摘心。

❶ 修枝。修枝就是对植物上的花枝进行修剪。而必须修剪的对象，一般包括那些重叠的小枝、不规则的叉枝、多余的柔弱枝、腐烂的枯枝和病虫枝等，这些都必须仔细修剪掉，才能保持植物整体外观的整齐美丽。在修剪的时候，注意剪口一定要平整，不要留下茬桩，以免影响整体的美观。

修枝工作的时间也是有讲究的，一般常在花开落叶之后才进行。对修枝要求比较高的植物，有杜鹃、月季、桃花、梅花、海棠等，这些植物枝条的萌发力比较强，需要每年定期修枝，适时修剪枝条的形状，才能保持美丽的株型，促进花多叶茂。

　　② 疏剪。疏剪就是剪取花丛中比较密集的枝条和叶片。很多人只知道植物过于稀疏不好，却不知道植物生长得过于密集，也不利于成长。当植物的植株生长得过于旺盛，导致枝叶过密时，通风、透光都会受到影响，尤其是密集中心的花簇，既得不到足够的空间和空气，又无法接受适宜的光照。这个时候就应该疏剪其内部的枝条，或是摘除过密的叶片，使它们层次分明，不但有利于通风、透光和开花，而且对植物生长以及花朵颜色都大有好处。

　　需要经常进行疏剪的植物，一般有栀子花、倒挂金钟、杜鹃等。这些植物开花数量较多，如果让花朵长期挂在枝头，就会导致营养浪费，植株也会因此变得"垂头丧气"，应及时将盛开的花朵摘除。此外，如果发现受到虫害、带斑点、颜色发黄的叶片，以及枯萎老化的花朵，也要及时清除。总之，及时对植物进行疏剪，不仅能美化植株外观，还可以预防病虫侵害，有利新花枝的形成，使植株健康生长。

　　③ 短截。短截是花草修剪中最厉害的措施，它是指将植物的上部分全部剪掉，短截的对象一般是大型植物，比如橡皮树、千年木、鹅掌柴。一般来说，对植物进行短截，就等于是要减去整个植株的10～20厘米，作用是为了防止主枝无止境地向上生长。对植物进行短截，可以促使主枝的基部或根部萌发新枝，使

植物更加丰满圆润。

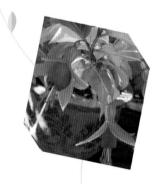

④ 摘心。摘心也被称作去尖、打顶，是指用手指掐去或剪去植物主茎或侧枝的顶梢，破坏植株的顶端优势，抑制植株的高度，促使植株多分枝、多发芽，从而整体看起来更美观、健壮。

大多数植物在其生长过程中都要进行摘心工作，像一串红、金鱼草、五色椒、长春花等植物的植株长至10厘米高时，像四季海棠、倒挂金钟、菊花等，在小苗定植成活后，都可开始摘心，以便日后开出更多、更大的花；而像石榴、月季、一品红等，在其主枝生长旺盛时即可进行摘心工作，以加快分枝的形成，完善花形。

需要注意的是，也有少数植物不适合摘心，比如凤仙花、鸡冠花、江西腊、翠菊、石竹、紫罗兰等。这些植物若是摘心了，花朵反而会变得更小。因为这些花的自然分枝能力强，盛开花朵的时间持久且形状较大，完全不用担心它会无休止地往上发展、长成一棵开花甚少的独干植株。

第二章

红花绿叶迷人眼，
美丽种养享不停

君子兰，
高贵儒雅的花中君子

君子兰的植株整体优雅大方，颇显君子之形，花朵又似兰花而得名。它的叶子形状似剑，基部呈假鳞茎，花漏斗状，有黄色和橘黄色。品种也很多，目前发现的有垂笑君子兰、大花君子兰、细叶君子兰、奇异君子兰等。

36

绿植小名片

种植难度：高　中√　低
别名：大叶石蒜、剑叶石蒜、达木兰
生产地：我国各地均可种植
所属类型：石蒜科君子兰属观花植物
种植方式：一般以播种或分株方法种植
开花时间：春季或冬季

种植基本功

土壤要求：需要透气性好、排水良好且富含丰富腐殖质的微酸性土壤。可以用园土混合腐叶土做腐殖质。

光照程度：君子兰需要充足的阳光来完成光合作用，但强光照射下会缩短花期，光线较弱则颜色浅淡。所以在春冬季节可以多晒阳光，夏日则主要蔽荫。

浇水方式：君子兰喜湿润，开花前的整个生长季都要保持盆土湿润，花期对水的需求量更大，要适量增加浇水量。但不要使盆土积水，以防烂根。

繁殖要点：最好是在12月至翌年5月播种，40天左右出苗。

① 买回健康的君子兰植株，介质土最好进行消毒，以免植株受到病菌感染而腐烂。

② 将君子兰植株栽种到花盆里，种好后随即浇一次水，等到两个星期植株适应后，再加盖一层培养土。

③ 君子兰开花了。注意开花后要多浇水，以满足君子兰在花期内对水分的需求。

花草秘学

施肥要诀：君子兰喜肥，首先每年换盆时施一次基肥，在生长季每月可以施一次饼肥、骨粉等，孕蕾期间可以将稀释肥液用喷雾直接喷在叶片上。开花后停止。

防病要诀：君子兰最易患白绢病，会使整个基部腐烂坏死。可以在植株茎基部及基部周围土壤上浇灌50%多菌灵可湿性粉剂500倍液，每周1次，2~3次即可。

防虫要诀：君子兰常见的虫害是介壳虫，会使茎叶变成霉黑色，造成煤烟病，并使叶片枯萎。如只有1~2片叶梢发现虫害，可用细木条削尖或用竹扦将虫体剔去。若出现大量虫害，可用40%的氧化乐果乳剂加1000~1500倍水制成溶液喷洒。

仙客来，
仙风道骨的春季使者

　　仙客来是种艳丽多彩的花儿，而它的名字又平添了些许仙风道骨的意味。它是春季室内常见的观赏花卉，叶片为心形或卵形，叶缘呈现细细的锯齿状，花朵下垂，花瓣向上反卷，犹如兔耳朵一样可爱。

种植基本功

土壤要求：萌芽期要求透气性良好的泥炭和珍珠岩按一定比例混合；幼苗移栽前，要用透气性良好的泥炭、一定比例的黏土（10%）和珍珠岩混合，pH6～6.5。

光照程度：仙客来是喜光花卉，但不耐酷暑，夏季阳光强烈应适当遮阴。而冬春季是旺盛生花开花期，要给以充足的阳光，放置室内向阳处或阳台。

浇水方式：开花的仙客来，入夏气温升高后，叶片会逐渐枯萎发黄，这时应减少浇水，使球茎转入休眠状态，并置于通风阴凉处。待天气转凉可适当多浇些水。

繁殖要点：仙客来的播种时间一般都集中在上一年的12月份至下一年的3月份之间。前期的育苗工作必不可少，到了苗株较大时，方可进行盆土移栽。

绿植小名片

种植难度：高 中√ 低
别　　称：萝卜海棠、兔耳花、一品冠、篝火花、翻瓣莲
生产地：我国各地均可种植
所属类型：紫金牛科仙客来属
种植方式：一般在冬季，以小球茎分球种植
开花时间：当年10月至次年4月

微农场·成长秀

① 将仙客来种子播种后，用薄土覆盖，以刚好遮住种子为宜，10~11周后能长成形植株。

② 每年春季，仙客来会开花。

③ 花越开越多，注意保持适当的室温，不要低于10℃。

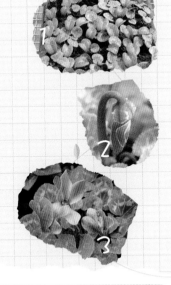

花卉秘籍

换土要诀： 一年更换一次盆土。换土的最佳时间是9月下旬，当仙客来即将萌发生长时，进行一次翻盆换土。

施肥要诀： 每年春季和秋季追施2‰的磷酸二氢钾各1次，切忌施用高氮肥料。

修剪要诀： 仙客来全株为肉质，而且不耐旱，叶片很容易因为缺水或是水分过多而出现变黄的情况，严重的还会影响整株的美观和生长，需要及时修剪。

防病要诀： 主要防治灰霉病和软腐病。灰霉病的症状是叶片出现灰色霉层，后变为土黄色霉层，致病原因一般是湿度过高、通风差，需要及时摘除病叶，通风，降低湿度，喷施代森锌、多菌灵等广谱性杀菌剂；软腐病症状为球茎软化腐烂，可喷施农用链霉素或多菌灵等。

芍药，

柔美雅致的花中之相

芍药的花朵大且美，有着淡淡的芳香，花瓣呈白、粉、红、紫、红或复色。它是我国的传统名花，已有三千多年的栽培历史，是公认的"花中之相"。芍药的叶也具有观赏价值，"红灯烁烁绿盘龙"中"绿盘龙"就是对叶的赞美。

绿植小名片

种植难易度：高√ 中 低

别名：将离草、黑牵夷、红药

生产地：我国各地均可种植

所属类型：芍药科芍药属

种植方式：一般在6～7月播种

开花时间：4～6月

种植基本功

土壤要求：要求土层深厚，而粗壮的肉质根适宜疏松而排水良好的砂质壤土，以中性或微酸性土壤为宜，盐碱地不宜种植。以肥沃的土壤生长较好，但应注意含氮量不可过高。

光照程度：芍药是长日照植物，在秋冬短日照季节分化花芽，春天长日照下开花。花蕾发育和开花均需在长日照下进行。夏季应避免强日光的灼伤，可在夏季搭遮阳棚。

浇水方式：芍药性喜地势高敞、较为干燥的环境，不需经常灌溉。芍药因为是肉质根，特别不耐水涝，积水6～10小时，常导致烂根。

繁殖要点：播种前，要将待播的种子除去瘪粒和杂质，再用水选法去掉不充实的种子。芍药种子皮薄，用水处理后再播种会使发芽率大为提高。方法是用50℃温水浸种24小时，取出后即播。

微农场·成长秀

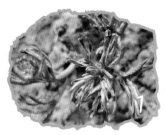 

1 家养芍药一般使用分株法，将芍药植株栽植到土壤中，以芽入土2厘米为宜。

2 在芍药植株生长期间，注意进行除草以及肥水管理。

3 第二年，芍药开花了。

4 芍药开花后，需要进行剪花去蕾，将其从花茎基部剪下，以利于集中养分供应根部生长需要。

施肥要诀：芍药喜肥，相较于其他花种，可以适当多施肥。根据芍药不同的发育时期对肥分的要求，每年可追肥3次。

补光要诀：在冬春季促成栽培时，正值短日照季节，补充光照尤为重要。光照时数应增加至每天13～15小时，以使花蕾充分发育，花才会开得更美、更大。

修剪要诀：孕蕾时只保留顶端花蕾，侧枝花蕾一概去除；花谢后，应及时摘去花梗，并保证整个生长季至少除草10次以上。

防病要诀：对芍药的病害防治，要注意日常的养护，尤其是摘蕾的时间，最好选择在晴天无露水时进行，摘蕾后喷等量式波尔多液1次，这样可以减少病菌感染。

绿植链接

芍药不仅是一种极具观赏性的花卉，而且还具有很高的药用价值，在古代被作为传统的中药材使用，有"白芍"之称。而在现代，芍药同样也能起到保健作用，可以将芍药花摘下后作为茶饮的原料来使用，可以促进人体新陈代谢，提高机体免疫力，还能让容颜更加红润。

原料：

芍药花瓣若干，生姜1块，红枣5颗，蜂蜜1勺。

做法：

1. 将芍药花摘下，清洗干净。

2. 将清洗干净的花瓣放到太阳下晒干。

2. 取15克晒干的芍药，与400毫升清水一同煮沸，在水剩下一半时，放入生姜片、红枣、蜂蜜，稍煮片刻后即可倒出饮用。

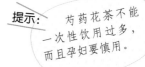

提示： 芍药花茶不能一次性饮用过多，而且孕妇要慎用。

观赏凤梨，
来自亚热带的春日风情

　　观赏凤梨是一种观赏性很强的观花观叶植物。临近花期，它中心部分的叶片变成光亮的深红色、粉色，或全叶深红，或仅前端红色。叶缘具细锐齿，叶端有刺，花多为天蓝色或淡紫红色。它以奇特的花朵、漂亮的花纹，成为时下最为流行的家庭观赏植物之一。

绿植小名片

种植难度：高 中√ 低
别名：菠萝花
生产地：我国各地均可种植
所属类型：凤梨科水塔花属
种植方式：一般以分株繁殖为主
开花时间：春季或冬季

种植基本功

　　▲‖土壤要求：需要含腐殖质丰富、喷水排水良好的酸性砂质壤土。家庭栽培时，盆土最好用腐叶土加少量园田土，或用泥炭土和珍珠岩各半混合。也可选用草炭土2份加入细沙1份混合，配制成培养土。

　　☀‖光照程度：家养观赏凤梨需要避开直射的阳光，维持半阴的环境，天凉以后可以给予较多的日照。

　　‖浇水方式：以浇灌雨水为宜，每天给叶面进行1～2次喷雾，以保持湿度。

　　‖繁殖要点：观赏凤梨与食用凤梨不同，它的花叶新颖奇特却很难结果，因此，一般选用分株繁殖法。春季换盆时，切取母株块茎部分长出的小块茎扦插，要避荫保湿保温，当根系长至2～3厘米时，即可定植。

① 将扦插好的观赏凤梨栽种在9厘米以上直径的花盆中，注意花盆不要过小，否则会不利于观赏凤梨的自由生长，缩小它的生长空间。

② 扦插成功的观赏凤梨，会慢慢地长出更加茂盛的叶子。

③ 观赏凤梨的植株充分长大，在这个过程中需注意保温。

微农场·成长秀

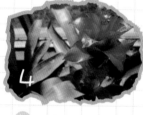

④ 观赏凤梨在生长一段时间之后就会自然开花，其开花时间可能会受到温度、光照的影响而发生改变。

⑤ 观赏凤梨的花完整地开放了。

花海私语

保温要诀：一般来说，观赏凤梨的大多数品种都会在冬春季节开花。如果买回的植株已经开花，千万不要大意，如果室内环境温度不适当，很容易使已经开放的花朵花期缩短。所以一定要注意温度变化，一旦温度低于10℃，就要及时套上透明的塑料袋，从而降低寒冷的影响。而在春季温度回升之后，则应该及时揭开塑料袋，使观赏凤梨适应升高的温度。

施肥要诀：每隔半个月，需要施用1次稀释液肥。而在5~9月，每周最好追施氮肥一次。在观赏凤梨开花之前，可以适当增施一些磷、钾肥，这样可以促使花朵的颜色变得更加鲜艳。

防病要诀：观赏凤梨在育种期间，最为常见的病害是花腐病，防治方法是在晴天上午喷50%扑海因500~800倍液，或75%百菌清可湿性粉剂600~800倍液，10天左右一次，喷药1~2次即可。

防虫要诀：观赏凤梨最常见的害虫是介壳虫类。介壳虫类的虫体非常小，约在1~3毫米，一般是棕色、黄色或者白色。出现介壳虫后，观赏凤梨的叶片可能会出现失绿斑点，伤口还可能会出现虫的黏液。对其进行防治，在虫卵尚未孵化时喷洒有机磷类药物最好；而如果已经出现固定的介壳虫，则要使用乙酰甲胺磷等农药来消除。

瑞香，
四溢芳香自花中来

每到万物蓬勃的春季，瑞香花的芳香四溢，会让所有其他的花朵都变得黯然失色。瑞香是一种有着浓香的植物，它的叶片较厚，是单叶互生植株。花簇生于枝顶端，头状花序有总梗，分为白、紫、黄等颜色。

46

绿植小名片

种植难易度：高 中√ 低
别名：睡香、蓬莱紫、千里香、沈丁花
生产地：我国各地均可种植
所属类型：瑞香科瑞香属
种植方式：一般采取扦插繁殖
开花时间：3～5月

种植基本功

土壤要求：瑞香喜生于肥沃疏松、排水良好的微酸性砂质土壤。家用盆栽时，宜选用塘泥或腐殖质土掺入部分河沙并且施入少量饼肥做基肥的培养土。

光照程度：瑞香性喜温暖的环境，惧烈日，喜阴，畏寒冷。夏季要遮阴、避雨淋和大风；冬季放在室内向阳、避风处，维持8℃以上的室温。

浇水方式：瑞香花不喜大水。浇水要"见干见湿"，若浇水过多易造成烂根。夏季处于休眠状态，应少浇水。

繁殖要点：一般选用扦插繁殖。宜在春季4月份上盆栽种，此时气候温和湿润，昼夜温差小，有利于瑞香在盆中生长。秋季栽种亦可，移栽时应多带些宿土。

微农场·成长秀

1️⃣ 选择在春、夏、秋季进行扦插,剪去下部的叶片,保留2~3片叶片,插入苗床。

2️⃣ 45~60天后,枝条开始生根,慢慢地,植株渐渐长大了。

3️⃣ 枝条顶端出现了花蕾,保持肥水的充足,瑞香开花了。

花之秘密

施肥要诀: 瑞香花不喜大肥,一般早春萌芽抽梢期和7~8月花芽分化期,各施稀薄的氮、磷、钾肥2~3次便可,施肥过多会导致落叶病。

修剪要诀: 多在花后进行,一般可将开过花的枝条剪短,以促使分枝多,增加翌年开花数量。剪除徒长枝、交叉枝、重叠枝,对影响美观的枝条也要及时剪除,以保持一定树形。

防病要诀: 瑞香病虫害很少,在盆土过湿或施用未经腐熟的有机肥时,极易引起根腐病的发生,应每隔10~15天喷洒一次12%绿乳铜乳油600倍液,或50%多菌灵800倍液,或70%甲基托布津1000倍液等杀菌药剂。

含笑花，
馥郁中的笑意盈盈

含笑花在叶腋处生有花朵，颜色为象牙黄，花瓣染红紫色晕。开时常常呈现含苞待放之状，犹如美人含笑，因而被称为"含笑花"。它的香气很特殊，有香蕉的气味，故而又被叫作"香蕉花"。

绿植小名片

种植难度：高 中√ 低
别名：含笑梅、白兰花、香蕉花、山节子
生产地：我国中部和南部适宜种植
所属类型：木兰科含笑属
种植方式：一般在夏季扦插种植
开花时间：4～5月

种植基本功

土壤要求：含笑花的种植需要微酸性的砂质土壤，要求疏松，排水较好。

光照程度：含笑花性喜暖热湿润，宜放置在半阴而湿润的场所，忌强烈阳光直射。夏季要注意遮阴，冬季要移入室内，或移至南向屋檐下。

浇水方式：平时应该保持含笑花的盆土湿润，但不能过湿。因为含笑花的根系稍带肉质，所以既需要水分来维持，同时也可能因水涝而烂掉。生长期和开花前需多浇水，夏季要给叶面喷雾，冬季一周浇水一次即可。

繁殖要点：宜用扦插法。通

常于7月下旬至9月上旬进行，可取犹未发出新芽、但留有3～8片叶子的木质化枝条或顶芽，长短约15公分，于插穗基部沾附发根素插置于砂质土壤上。另予以适当遮阴及保持环境湿润，约2～3个月即可生根，再于翌春移植。

花卉秘籍

松土要诀： 每1～2年松土一次，宜在每年春季新叶长出前或在开花后进行，在秋季进行亦可。结合换盆去除适当部分结板旧土，换以肥沃疏松的培养土，减去枯枝以及过长老根，在盆地放置足量基肥。

施肥要诀： 含笑花喜肥，多用腐熟饼肥、骨粉等掺水施用，在生长季节（4～9月）每隔15天左右施一次肥，开花期和10月份以后停止施肥。

修剪要诀： 含笑花不宜过度修剪，平时可在开花后对影响树形的徒长枝、病弱枝和过密重叠枝进行修剪，并减去花后果实，减少养分消耗。春季萌芽前，适当疏去一些老叶，以触发新枝叶。

防病要诀： 含笑花常发生介壳虫害，还会诱发煤烟病，介壳虫可用小刷刷除，或用加水150倍的二十号石油乳剂喷杀；煤烟病可用清水擦洗或喷加水500～1000倍的多菌灵水溶液进行防治。

马蹄莲，
洁白花瓣下的马蹄声声

马蹄莲是多年生宿根草本植物。它具肉质块茎，叶心形状为箭形。花多为肉质圆柱形，其观赏部分佛焰苞有白、黄、粉等色，形似花冠。它的花朵苞片洁白硕大，宛如马蹄，也因此而得名。

绿植小名片

种植难度：高 中√ 低
别名：水芋、慈姑花
生产地：我国各地均可种植
所属类型：天南星科马蹄莲属
种植方式：一般在8~9月进行分株或播种繁殖
开花时间：3~5月

🔺 种植基本功

🔺 **土壤要求**：马蹄莲性喜肥沃疏松、富含腐殖质的砂性营养土。因而配制营养土时宜采用园土5份、砻糠灰2份、厩肥2份、细砂1份的比例。还可以在营养土中加入适量的过磷酸钙和骨粉。

☀ **光照程度**：出芽后移至荫棚下、有散射光处养护，注意不要直接日晒，也不可全部蔽荫。冬季需要充足的日照，夏季阳光过于强烈灼热时，应适当进行遮阴。

💧 **浇水方式**：生长期需常浇水，早晚用水喷洒花盆周围地面，最好5~7天用海绵蘸水涂抹叶面。炎夏停止浇水。

🌱 **繁殖要点**：常用分株和播种繁殖。分株繁殖即于9月上旬换盆时将母株周围的小块茎剥下进行盆栽。

微农场·成长秀

1 将马蹄莲种子覆土3~4厘米，20天后就出苗了。

2 植株渐渐长大，注意霜降前移入温室，室温保持在10℃以上。

3 2~4月，马蹄莲进入了盛花期，开花后要逐渐停止浇水。

花草秘笈

施肥要诀：除栽植前施基肥外，生长期内，每隔20天左右追施一次液肥，但炎夏应停止施肥。肥料可用腐熟的饼肥水，生长旺季可每隔10天左右增施一次氮、磷、钾混合的稀薄液肥。施肥时切忌将肥水浇入叶梢内，以免引起腐烂。

修剪要诀：为了保证马蹄莲的花朵更加硕大美丽，一定要勤剪那些枯黄的老叶，这样可以促生花苞。

防病要诀：马蹄莲的常见病害主要是欧氏菌，也称软腐病，被感染的叶片和茎变为深绿色，有坏死斑和腐斑，并分泌黏液，最终植株倒伏死亡。应注意在种植前将那些被感染的块茎尽早挑出来，并进行消毒预防。

牡丹，
富贵天香真国色

　　牡丹为多年生落叶灌木，是我国特有的木本名贵花卉。牡丹花单生于枝顶，花瓣质地较薄，脉纹明显。花色较为丰富，主要有黄、白、红、粉、紫、绿等。它花大色艳、雍容华贵、富丽端庄、芳香浓郁，而且品种繁多，素有"国色天香""花中之王"的美称。

绿植小名片

种植难度：高 中√ 低
别名：木芍药、富贵花
生产地：我国各地均可种植
所属类型：芍药科芍药属
种植方式：一般进行分株繁殖
开花时间：分株繁殖后的第二年开花

种植基本功

土壤要求：牡丹适宜疏松肥沃、土层深厚的土壤。土壤排水能力一定要好，盆栽可用一般培养土。土壤酸度为中性或微碱。

光照程度：牡丹性喜凉爽气候，以夏季不酷热、冬季无严寒处为最适宜，喜阳光充足，但夏季忌暴晒，以在半遮阴下生长最好，且耐旱、耐寒。

浇水方式：栽植前浇2次透水。入冬前灌1次水，保证其安全越冬。开春后视土壤干湿情况给水，但不要浇水过量。

繁殖要点：分株繁殖操作简单，可保持品种优良的特性，翌年即可开花，但繁殖系数低。选4～5年生植株，挖出去土，放阴处晾1～2天，顺根系缝隙处切开，每株可分2～5株。

微农场·成长秀

① 买回牡丹植株，注意栽植不可过深，以刚刚埋住根部为宜。

② 开春后视土壤的干湿情况浇水，花期之前施一次肥，等待牡丹开花。

③ 花谢之后进行及时的摘花和剪枝，每株保留5~6个分枝。

花草秘籍

施肥要诀： 全年一般施3次肥，第1次为花前肥，施速效肥，促其花开繁盛。第2次为花后肥，追施1次有机液肥。第3次是秋冬肥，以基肥为主，促翌年春季生长。

修剪要诀： 花谢后及时摘花、剪枝，根据树形自然长势结合自己希望的树形下剪，同时在修剪口涂抹愈伤防腐膜保护伤口，防止病菌侵入感染。若想植株低矮、花丛密集，则短截重些，以抑制枝条扩展和根蘖发生，一般每株以保留5~6个分枝为宜。

定枝要诀： 栽培2~3年后，要进行定枝，决定植株保留的枝数。生长势旺、发枝力强的品种，可留3~5枝；生长势弱、发枝力差的品种，剪除细弱枝，保留强枝。

石竹，
春露中的幽静花语

石竹是一二年生的草本植物。因其茎具节，膨大似竹，所以叫"石竹"。曾有唐代诗人这样形容石竹花："野蝶难争白，庭榴暗让红。谁怜芳最久，春露到秋风。"它的花色有紫红、大红、粉红、纯白及杂色，在西方花语中象征着纯洁的爱。

绿植小名片

种植难度：高 中 低√

别名：洛阳花、石柱花、十样景花、汪颖花

生产地：我国各地均可种植

所属类型：石竹科石竹属

种植方式：一般在春季或秋季播种繁殖

开花时间：4～10月

种植基本功

 ‖土壤要求：要求肥沃疏松、排水良好及含石灰质的壤土或砂质壤土。

‖光照程度：喜阳光充足、干燥，通风及凉爽气候。不耐严寒和高温高湿。

‖浇水方式：浇水应掌握不干不浇的原则。秋季播种的石竹，11～12月浇防冻水，第2年春天浇返青水。

‖繁殖要点：9月播种于露地苗床，最适合发芽的温度为21～22℃，播后5天即可出芽。

微农场·成长秀

1　9月的时候，将若干石竹种子撒到盆土中，保持盆土湿润。5天之后，种子就开始发芽了。

2　十多天后，石竹开始出苗，幼苗开始生长、出叶。

3　石竹的叶子长得更高、更加茂盛了。这时如果苗种过多，可以移出一部分。

4　翌年春天，石竹开花了。

　　花期要诀：石竹花日开夜合，若上午日照，中午遮阴，晚上露夜，则可延长观赏期，并使之不断抽枝开花。此外，如果想多开花，可摘心，令其多分枝，必须及时摘除腋芽，减少养分消耗。

　　施肥要诀：约每隔10天施一次腐熟的稀薄液肥。

　　修剪要诀：石竹开花之后，可以进行适当的修剪，在修剪之后可以再次开花。

　　防病要诀：石竹常有锈病和红蜘蛛危害。锈病可用50%萎锈灵可湿性粉剂1500倍液喷洒，红蜘蛛用40%氧化乐果乳油1500倍液喷杀。

雏菊，
纯净之爱的象征

雏菊是菊科中的多年草本植物，原产于欧洲，原种被视为丛生的杂草，如今却成为阳台养花的宠儿。雏菊有白、粉、红等各种颜色，比较耐寒。在西方的花语中，它象征着纯洁的美与天真、和平、希望，以及深藏在心底的爱。

绿植小名片

种植难度：高 中 低√

别名：春菊、长命菊、延命菊

生产地：我国各地均可种植

所属类型：菊科雏菊属

种植方式：一般在8～9月播种繁殖

开花时间：3～6月

56

种植基本功

土壤要求：雏菊能适应一般的园土，如果是肥沃、富含腐殖质的土壤则更加适宜。

光照程度：雏菊生长期喜阳光充足，不耐阴，所以要放在家中能照到阳光的地方。

浇水方式：平时不可浇水太多，雨季注意排水防涝。由于雏菊变异性大，品种容易退化，应年年进行分色选种。对采种母株应加强肥水管理，使种子充实饱满，并按成熟程度分期采收。

繁殖要点：可在8月中旬或9月初于露地苗床播种繁殖。播种后，宜用苇帘遮阴，不可用薄膜覆盖。

微农场·成长秀

① 在8~9月时，将种子播于盆土中，注意遮阴，但不要用薄膜覆盖。不久之后就会长出幼苗了。

② 等待大约15天之后，就会发现雏菊开始大面积出芽了。这个时候，一定要注意进行适当的浇水，并注意周围环境的调适，尤其是温度与光照。每隔2~3周，可以施一次薄肥。

③ 雏菊开花了。开花之后，要停止施肥。注意要保持浇水适量，并保持温度稳定，这样才能让花朵更加茂盛，花期尽量延长。

花卉秘笈

采种要诀：雏菊品种易退化，应优选采种。采种时要将整个花序割取晒干，收好待用。

施肥要诀：雏菊对肥料要求不太严格，在整个生长期中只需追施4~5次肥。若能将少许豆油滴入花盆，定可使其叶绿花肥。

开花要诀：要想让雏菊的花朵更加艳丽，可以在花蕾期喷施花朵壮蒂灵，可促使花蕾强壮、花瓣肥大、花色艳丽、花香浓郁、花期延长。

防病要诀：雏菊的主要病害有苗期猝倒病、灰霉病、褐斑病、炭疽病、霜霉病等，可以用百菌清800~1000倍、甲霜灵1000~1500倍液进行防治。

山茶花，
天生丽质难自弃

山茶花属于常绿灌木和小乔木，是中国传统的观赏花卉，有华东山茶、川茶花、晚山茶等多个品种，是世界名贵花木之一。它的花姿丰盈，端庄高雅，颜色有红、白、黄、紫等。

绿植小名片

种植难度：高√ 中 低

别名：薮春、山椿、耐冬

生产地：我国各地均可种植

所属类型：山茶科山茶属

种植方式：扦插、嫁接、压条、播种均可

开花时间：2～3月

种植基本功

土壤要求：盆栽土用肥沃疏松、微酸性的壤土或腐叶土。碱性土壤不适合山茶花的生长。

光照程度：山茶花属半阴性植物，宜于散射光下生长，怕直射光暴晒。幼苗需遮阴，成年植株需较多光照，不要长期过阴。

浇水方式：山茶花适宜水分充足、空气湿润的环境，忌干燥。高温干旱的夏秋季，应及时浇水或喷水，空气相对湿度以70%～80%为好。

繁殖要点：10月上、中旬，将采收的果实放置室内通风处阴干，待蒴果开裂取出种子后，立即播种。若秋季不能马上播种，需行砂藏至翌年2月间播种。

微农场·成长秀

① 选择树冠外部组织充实、叶片完整的山茶花当年生半成熟枝，进行扦插。

② 30天左右之后，山茶就能生根了，注意保持足够的湿度，避免阳光直射。

③ 如果温度和湿度适宜，山茶能在当年开花。注意花后要追施磷、钾肥。

花房秘笈

上盆要诀：在阳台养山茶花，一般使用盆栽方式。盆子的大小要与苗木的比例适当，在11月或2~3月上盆，而不要在高温季节上盆。

施肥要诀：2~3月间施追肥，促进春梢和花蕾的生长；6月间施追肥，促使二次枝生长，提高抗旱力；10~11月施基肥，提高植株抗寒力。

防虫要诀：山茶在室内、大棚栽培时，如通风不好，易受红蜘蛛、介壳虫危害，可用40%氧化乐果乳油1000倍液喷杀防治或洗刷干净。梅雨季节空气湿度大，常发生炭疽病危害，可用等量式波尔多液或25%多菌灵可湿性粉剂1000倍液喷洒防治。

蝴蝶兰,
华丽雅致的兰中皇后

蝴蝶兰是著名的切花品种,因为其花朵的形状像蝴蝶一样而得名,其花姿非常优美,颜色也非常靓丽,有着"兰中皇后"的美誉。居家种植可以摆放在茶几、书桌上装点环境,待到开花时,会给室内带来一种华丽而雅致的气息。

绿植小名片

种植难度:高 中√ 低

别名:蝶兰

生产地:我国各地均可种植

所属类型:兰科蝴蝶兰属

种植方式:一般采用分株繁殖

开花时间:4~6月

 种植基本功

土壤要求:盆栽的植料不宜用泥土,而要采用水苔、浮石、桫椤屑、木炭碎等,或者直接把幼苗固定在渺椤板上生长。

光照程度:蝴蝶兰喜欢在散射光、半阴的环境中生长,夏季要忌阳光直射,春季是要能移至阳光处每天晒1~2小时,以免其生长缓慢,影响正常的花期。

浇水方式:室内湿度最好能控制在80%左右,湿度不够时,要用喷壶给叶片上喷点水。土壤见干见湿,不宜太潮。

繁殖要点:多采用细胞组织培养。有些母株当花期结束后,花梗上的腋芽也会生长发育成为子株,当它长出根时可从花梗上切下进行分株繁殖。

1　选择健康的蝴蝶兰苗株，注意不要选择过小或根系发育不良的。培养在适当的介质中，第一个月内介质都要保持湿润。

2　一个月后，蝴蝶兰的叶片长得更加茂盛了。如果移植深度不够，要注意对其进行支撑。

微农场·成长秀

3　蝴蝶兰在幼苗移植后，可能会在2年后才开花。如果移植的是较为成熟的植株，一般4~6月为花期，一开始，花梗上会出现少许几朵花。

4　随着花朵的增多，也要注意维持叶片生长，不要让蝴蝶兰长期在低温或光线不足的环境下生长。

5　花梗上的蝴蝶兰彻底盛开了。

保温要诀：蝴蝶兰最适宜的生长温度是15~23℃，即便是冬天，室内的温度也不能低于15℃，不然蝴蝶兰就会被冻死。夏季温度过高时，要适量降温。

施肥要诀：蝴蝶兰是一种喜肥的植物，所以尤其在春夏生长期，最好能每10天添加一次液体复合肥料。而到了秋季，则应该添加一次腐熟的饼肥。到了冬季，则最好停止施肥。

防病要诀：蝴蝶兰易患软腐病、灰斑病。软腐病传染性极快，一旦发现立即将病株隔离。病株可用代酸锰锌或好生灵防治，通常15天杀菌1次。

换盆要诀：如果你发现蝴蝶兰的很多根系已经长到了盆外，或者盆内的质介变黑腐烂，这就是需要进行换盆的时候了。将蝴蝶兰小心地从盆中取出，去掉全部旧的介质，剪除枯烂的根系，然后将水苔垫在根部，把湿苔藓将根系四周紧紧包住；盆底用较大的泡沫塑料垫底，把包好苔藓的兰株装入盆中，沿盆四周把苔藓塞紧，使兰株不摇动，然后放于阴处，不浇水，直至苔藓干透。

防虫要诀：蝴蝶兰比较容易遭受的虫害有蛞蝓、蜗牛、螨类等。蛞蝓和蜗牛常常会在蝴蝶兰的幼株上咬出小洞，在很短几天内就会危害许多植株，可以使用相应的药剂来有效控制；螨类一般是红蜘蛛螨类，在叶部引起轻微变形与严重的颜色变化。因为分布为集中状态，可以以杀虫剂控制。

兜兰，
极具特色的艳丽洋兰

兜兰是兰科的多年生草本植物，是栽培最普及的洋兰之一。它的茎比较短，叶片呈带形或长圆状披针形，颜色为绿色或带有红褐色斑纹；其花朵十分奇特，唇瓣呈口袋形；背萼极发达，有各种艳丽的花纹；两片侧萼合生在一起；花瓣较厚，花寿命长，有的可开放6周以上，并且四季都有开花的种类。

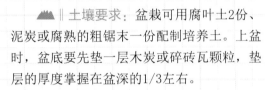 种植基本功

土壤要求：盆栽可用腐叶土2份、泥炭或腐熟的粗锯末一份配制培养土。上盆时，盆底要先垫一层木炭或碎砖瓦颗粒，垫层的厚度掌握在盆深的1/3左右。

光照程度：早春以半阴最好，盛夏早晚见光，中午前后遮阴，冬季须阳光充足，而雨雪天还需增加人工光照。总之，切忌强光直射。

浇水方式：兜兰喜好水分，当水苔和植材表面略显干燥时，便应及时浇水，以常保盆内潮湿。浇水时应浇至水从盆底流出为止，以使盆内的旧水与空气排除。此外，还要进行叶面喷水。

绿植小名片

种植难度：高 中√ 低

别名：拖鞋兰

生产地：我国各地均可种植

所属类型：兰科兜兰属

种植方式：一般以播种或分株繁殖为主

开花时间：春、秋、冬季均有开花品种

繁殖要点：兜兰的种子相对比较细小，所以繁殖过程比较特殊，只能在试管中用培养基在无菌条件下进行胚的培养，而在发芽之后，还需要在试管中经过2～3次的分苗、移植等过程。当兜兰的幼苗长至3厘米左右的高度时，则可以将其移出试管，然后栽植在花盆中。

微农场·成长秀

❶ 从有5～6个以上叶丛的兜兰上进行分株，将株苗上盆，然后放在阴湿的环境。

❷ 等待株苗生根、长大，将盆株放在室外，注意避免强光直射。

❸ 兜兰即将进入花期，注意保持盆土湿润，经常向花盆周围洒水。

❹ 兜兰开花了。对于正在开花的植株，无需施肥。

施肥要诀：兜兰在生长期宜施磷、钾肥及适量的氮肥，最好每隔10~15天向叶面喷洒1％的磷酸二氢钾。

换盆要诀：通常在开过花后，新根长出之前换盆，最适当的时期是夜晚温度高于12~13℃时。换盆不需要每年进行，约两年一次即可。若只想栽培成大株，只要换个大盆移株即可；若要繁殖，则要进行分株。由于兜兰的根不多，一定要小心翼翼，千万不可折损根部。换盆时，用竹筷将旧的植材小心除掉，并去除腐根。

防病要诀：通风差的情况下，兜兰易发生叶斑病、软腐病危害，可用70%甲基托布津可湿性粉剂800倍液喷洒。冬季在室内或大棚栽培时，要注意空气流通。如通风条件差，介壳虫危害兜兰叶片，影响观赏效果，发现后应及时洗刷，并用40%氧化乐果1000倍液喷杀。要定期喷洒多菌灵或托布津等杀菌剂，以防止茎腐病和叶斑病的发生。

除草要诀：如果种植兜兰的环境在近郊，或是接近田园，由于周围的杂草种子乱飞，到处萌芽，很容易造成杂草丛生的困扰。所以在早秋晚期，要注意将杂草连根拔除，一旦任其成长，再想除去就比较困难了。

支撑要诀：在花芽生长期间，如果空气太闷热或施肥过量，都可能会让花茎无法直立伸展，而出现倒伏、花朵向下开花等情况。为了避免这些情况，可以在花茎还没有定形的时候就进行竖立支柱，然后系上绳线来进行固定。

卡特兰，
轻盈活泼的倾慕之花

卡特兰属园艺杂交种，是国际上最有名的兰花之一。其假鳞茎呈棍棒状或圆柱状，顶部生有叶1~3枚；叶厚而硬，中脉下凹；花单朵或数朵，着生于假鳞茎顶端。它品种多样，花朵雍容而又华丽，花色非常娇艳多变，颜色有白、黄、绿、红紫等，在花语中表示敬爱与倾慕。

66

绿植小名片

种植难度：高 中√ 低

别名：阿开木、嘉德利亚兰、嘉德丽亚兰

生产地：我国各地均可种植

所属类型：兰花科卡特兰属

种植方式：一般以分株、组织培养或无菌播种为主

开花时间：四季均有开花品种

种植基本功

土壤要求：因属附生兰，根部需保持良好的透气。盆栽常用泥灰、蕨根、树皮块或碎砖为基质。

光照程度：卡特兰需要充足的光照，最好放在向阳的阳台或房间中。

浇水方式：喜欢潮湿，生长时期需要较高的空气湿度。在春秋季多喷水，保持较高的湿度，冬季花芽发育期，需高温多湿，注意通风和遮阴。

繁殖要点：3月待新芽刚萌发或开花后将基部根茎切开，每丛至少有2~3个假鳞茎并带有新芽，株丛不宜太小，否则新株恢复慢，开花晚。

微农场·成长秀

① 将卡特兰株苗移栽入盆中，放在隐蔽的环境10~15天，每日向叶面喷水。

② 植株渐渐长成，注意每10~15天追施一次液肥，并保证充足的水分和较高的空气湿度。

③ 卡特兰开花了，花期要减少浇水，促进花芽的分化。

花友秘授

　　换盆要诀： 换盆一般于3月进行。先将植株由盆中磕出，去除栽培所用材料，剪去腐朽的根系和鳞茎，将株丛分开，分后的每个株丛至少要保留3个以上的假鳞茎，并带有新芽。新栽的植株应放于较荫蔽的环境中10~15天，并每日向叶面喷水。

　　施肥要诀： 卡特兰在生长期需要适当施肥，最好每旬施肥1次。生长季节，每半月用0.1%的尿素加0.1%的磷酸二氢钾混合液喷施叶面一次。当气温超过32℃、低于15℃时，要停止施肥。

贴梗海棠，
盆景式的园艺经典

　　贴梗海棠与海棠不同，它是木瓜属植物，枝秆丛生，枝上有刺，其花梗极短，花朵紧贴在枝秆上，由此而得名。它的花朵鲜润丰腴、绚烂耀目，是庭园中主要春季花木之一，既可在园林中单株栽植布置花境，亦可成行栽植作花篱，又可作盆栽观赏，是理想的花果树桩盆景材料。

绿植小名片

种植难度：高 中√ 低

别名：铁脚海棠、铁杆海棠、皱皮木瓜、川木

生产地：我国各地均可种植

所属类型：蔷薇科木瓜属

种植方式：春天定植，次年即可赏花

开花时间：次年即可开花

种植基本功

‖**土壤要求**：以肥沃、深厚、排水良好的土壤为宜。

‖**光照程度**：贴梗海棠喜阳光，应保持足够的光照。

‖**浇水方式**：旱季要注意浇水。入冬后移入15～20℃的温室中，经常在枝上喷水，以保持湿度。

‖**繁殖要点**：以分株、扦插和压条为主，可在秋季或早春将母株掘出分割，分成每株2～3个枝干，栽后3年又可进行分株。一般在秋季分株后假植，以促进伤口愈合，翌年春天即可定植，次年即可开花。

微农场·成长秀

① 买回贴梗海棠植株，进行嫩株扦插一个多月后即可发叶。但一般来说，扦插苗在2～3年后才会开花。

② 在春季萌发之前，将长枝适当地剪短一些。随着养护的进行，绿叶开始长出。

③ 在天气较冷的冬天移入15～20℃的温室，经常在枝上喷水，次年即可开花。

花友秘授

修剪要诀：因为贴梗海棠开花一般以短枝为主，所以在春季萌发之前，需要将贴梗海棠的长枝适当地截短，整剪成半球形，以刺激多萌发新梢。

施肥要诀：伏天最好施一次腐熟有机肥，或适量复合肥料（N、P、K元素）。

防虫要诀：贴梗海棠比较容易出现网蝽、蚜虫的虫害，最好进行事先预防。春季，在贴梗海棠萌芽前喷2～4波美度的石硫合剂，可有效地减轻网蝽的危害程度。50%抗蚜威或辟蚜雾4000～5000倍液喷雾，5～7天喷1次，喷2～3次进行喷雾防治。

碗莲，
小小舞台中的微型莲花

碗莲是种在碗一类小容器中栽培的微型荷花，它身材迷你，叶圆如碟。碗莲品种繁多，花色和花型也各异，最常见的碗莲品种有桌长莲、厦门碗莲、锦边碗莲、婉儿红、重水华、案头春、白雪公主、婴儿红、恋夏、火花等。

绿植小名片

种植难度：高 中√ 低
别名：钵莲、盆莲
生产地：我国各地均可种植
所属类型：睡莲科观花植物
种植方式：一般以播种繁殖为主
开花时间：以夏秋为最佳开花时间

种植基本功

土壤要求：最理想的土壤是河塘泥，此外加入腐殖土的混合土壤也可以。但一定要保证土壤处于湿润状态，随着碗莲叶柄的伸长逐渐给水缸加水。

光照程度：要给予碗莲充足的阳光，才能迅速生长。

浇水方式：栽培初期浇水不宜过多，植株叶片长大后，要逐渐往花盆中灌入清水，但加水时以水不淹没小荷叶为度，以促进叶片进行光合作用。

繁殖要点：莲子无休眠期，只要水温能保持在16℃以上，四季均可播种。

① 将种子外壳凹点剪掉，浸泡在容器中，保持水温在20～30℃，每天换2次水。

② 经过几天的浸泡，种子发芽了。为了让芽发得更好，可在种子出芽后再次把种皮环切掉一圈，以减少坚硬的外壳给种芽的束缚。

微农场·成长秀

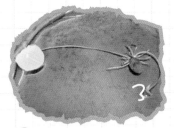

③ 2天之后，芽苗便长出来了。

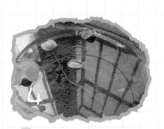

④ 第7天，终于长出了第一片浮叶，莲子另一端也长出了很多的根须。

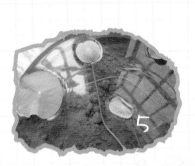

⑤ 定植到泥土中，浮叶接二连三长出来了。

⑥ 浮叶变得越来越多，越来越圆，终于长出了立叶。

施肥要诀：在碗莲生长期间不需再另外施肥，施肥过多反而会成肥害。但在调配混合土时应拌入少量腐熟饼肥液或豆麸、花生麸作为底肥，否则碗莲会因缺肥而导致生长缓慢。

孕蕾要诀：如果碗莲长势良好，出现的叶片过于密集，应适当进行摘除，以利于植株呼吸透气，从而更好地孕育花蕾。

除苔要诀：水培碗莲需要清除青苔，可以在水中放养些小螺蛳，这种动物不吃新鲜的碗莲，只喜欢吃青苔和腐烂的叶子。

防病要诀：在碗莲冒出小花苞时，应着重注意预防枯叶病，枯叶病多在雨季发生，且具有传染性。防治方法是定期用多菌灵悬浊液喷洒碗莲叶片。

绿植链接

在购买和种植碗莲的时候，要注意碗莲和睡莲的区分。这两种植物看上去似乎差不多，其实却有很大区别。

叶子形状：

碗莲的叶子是圆形的，有浮在水面上的浮叶，也有伸到水面上方的立叶；而睡莲的叶子是带有缺口的圆形，只有浮叶浮在水面。

根部形状：

碗莲的根是藕，而睡莲的根是块茎。

花朵形态：

碗莲的花朵，一般都是伸到水面的上方，开在空中的；而睡莲的花朵不同，一般是紧挨着水面的。

翻盆方法：

碗莲每年需翻盆一次；睡莲则需隔年翻盆一次。

金苞花，
虾体般的"金包银"

金苞花为落叶灌木。茎节膨大，叶对生，呈椭圆形，有明显的叶脉，因其茎顶穗状花序乃黄色，苞片层层叠叠，并伸出白色小花，从花序基部陆续向上绽开，形似虾体而得名。金黄色苞片可保持2~3个月。金苞花形态奇特，花期较长，受到广大爱花人士的喜爱，是盆栽观赏的重要花种，价值很高。

绿植小名片

种植难度：高√ 中 低

别名：黄虾花、珊瑚爵床、金包银、金苞虾衣花

生产地：我国各地均可种植

所属类型：爵床科单药花属

种植方式：一般在春季扦插为主

开花时间：4~10月

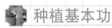 种植基本功

土壤要求：盆土要求疏松肥沃、透气性好，忌黏重土。可用5份腐叶土、3份园土、1份河沙和1份腐熟的有机肥混合均匀作培养土。

光照程度：金苞花较喜阳光，北方栽培，春、秋季节应放室外养护，一般不需遮光，但夏季中午前后需适当遮光。若遭到烈日暴晒，易导致叶片萎枯，叶缘枯焦。

浇水方式：需要较多的水分，因此应经常保持盆土湿润，但忌盆内积水。花芽分化期，要注意适当控制浇水。

■ **繁殖要点**：金苞花常用扦插法繁殖。全年均可进行，以6～7月为佳。插穗应选择健壮、节间短的枝条，去除下部叶片，留顶端叶，长8～10厘米，插于素沙中，遮阴保湿，生根后种植。

微农场·成长秀

 1
 2

❶ 6月左右进行扦插，7天即可生根，一周后成活。

❷ 对于成活后的小苗进行摘心，第一次留1～2节摘心，待新梢长出2～3对叶时，再留一对叶摘心。

 3
 4

❸ 停止摘心后2～3个月，金苞花就开花了。

❹ 开花期间补充以磷为主的复合肥，能让花朵更加茂盛。

换土要诀：金苞花一般每年翻盆换土一次，以在清明前后为宜。换盆时植株从盆里脱出后，把根部外围的土坡去掉一部分，再将老根、断根、坏根、腐根剪去，然后换上稍大一号的盆装上培养土，浇透水，放于半阴处缓苗，几日后转为正常管理。

施肥要诀：金苞花较喜肥，生长季节一般每7～10天施一次全元素液肥。孕蕾期向叶面上喷施0.2%磷酸二氢钾溶液，有利于花多色艳。

修剪要诀：每当新梢出现，其顶端就会产生新的花序，因此适时摘心修剪对促进金苞花开花茂盛十分重要。一般从幼苗开始，摘心2～3次。冬季修剪后放入室内养护，春季结合换盆进行修剪。

绿植链接

一般来说，金苞花的常见花期是在4～10月，但会因为环境光照、温度等条件的改变而改变。如果想要金苞花的开放时间更长、四季都开放，那么就要进行更加细心的管理与呵护，为金苞花的开放创造最好的条件，这样才能让它一年四季花开不断。

要保证金苞花四季都开花，最重要的是在冬季要进行严格的养护。冬季将金苞花放进室内光线充足的地方，这样才能让叶子的颜色更加鲜绿，花朵开放时间更长，而且冬季白天的室温要保持在18℃以上，到了夜晚，最好也要维持在15℃以上，同时还要给予适当的水肥条件。而到了夏季，则要注意提高花盆周围的空气湿度。

晚香玉，
夜色中的浓郁香气

晚香玉为多年生鳞茎草花。穗状花束顶生，每穗着花12～32朵，花呈白色漏斗状，具浓香，至夜晚香气更浓，因而得名。由于其浓香，花茎细长，线条柔和，栽植和花期调控容易，因而是非常重要的切花之一，是花束、插花等应用中的主要配花。幽幽花香弥漫在家中，一种沁入心脾的舒适和愉悦瞬间消除了所有的疲惫。

绿植小名片

种植难度：高 中√ 低
别名：夜来香、月下香
生产地：我国各地均可种植
所属类型：石蒜科晚香玉属
种植方式：一般为分球种植法
开花时间：7～9月

种植基本功

土壤要求： 对土壤要求不严，以肥沃黏壤土为宜。盆栽时底部约1/5深填充颗状的碎砖块，以利盆排水。

光照程度： 生长期要保证有充足的光照，每天至少要有6小时的直射阳光，避免摆放在阴暗的地方，否则香味较淡。

浇水方式： 苗期浇水不宜过多，否则茎叶徒长，不利根系生长。在花茎即将抽出及开花前应充分浇水，经常保持土壤湿润。

繁殖要点： 晚香玉常用分球法繁殖。于11月下旬地上部枯萎后挖出地下茎，除去萎缩老球，一般每丛可分出5～6个成熟球和10～30个子球，晾干后贮藏室内干燥处。种植时将大小子球分别种植，通常子球培养一年后可以开花。

微农场·成长秀

① 在春季对晚香玉进行分球种植，进行充分灌水，保持土壤湿润。

② 栽植1个月后施一次肥，开花前再追施一次肥。

③ 晚香玉开花了。

花友秘授

催花要诀：为使晚香玉能在春节开花，可在11月将盆栽球根置于高温室内和阳光充足、空气流通的地方，注意养护管理，一般经2个月左右便可开花。如果2月种植，则5~6月开花。若栽球前将种球放在25~30℃条件下经过10~15天湿处理，可提前7天萌芽。

刮芽要诀：到翌年春季4月，用竹刀将大球上发出的多个新芽刮去，只留1个最大、最健壮的芽。对秋后收起来的许多小球，则不要刮芽，仍须种入土中，因为这一年内它还不会开花，要到下一年长成大球时再刮芽、栽植，管理后开花。

施肥要诀：在其生长过程中，应每隔10~15天施一次液肥，4月下旬开始每半月施一次稀薄液肥。

鸡冠花，
来自非洲的热烈与艳丽

　　鸡冠花为一年生草本植物。肉质花序扁平，顶生，似鸡冠状。色彩有白、红、黄、橙黄、淡红、紫红等，具丝绒般的光泽，常见的是如火焰般的红鸡冠花。由于其色彩艳丽、质感好、花期长，在我国各地栽培数量非常大。种植于阳台上，那一片"火焰"颇能增添几分喜庆的色彩。

78

绿植小名片

种植难度：高 中√ 低

别　名：鸡髻花、老来红、芦花鸡冠

生产地：我国各地均可种植

所属类型：苋科青葙属

种植方式：一般以播种为主

开花时间：5～9月

 ## 种植基本功

　　土壤要求：对土壤要求不严，肥沃疏松、排水良好的砂质壤土最佳。

　　光照程度：鸡冠花喜阳，耐强光，生长期要有充足的光照，每天至少要保证有4小时光照。

　　浇水方式：生长期必须适当浇水，但盆土不宜过湿，以潮润偏干为宜，防止徒长不开花或迟开花。在种子成熟阶段宜少浇肥水。

　　繁殖要点：播种时应在种子中和入一些细土进行撒播，因鸡冠花种子细小，覆土2～3毫米即可，不宜深。播种前要使苗床中的土壤保持湿润，播种后可用细眼喷壶稍许喷些水，再给苗床遮阴，两周内不要浇水。一般7～10天出苗。

① 将鸡冠花株苗上盆，略微深植一些，仅留叶子在土面上，直到出现花序。

② 花序发生后，换为16厘米的花盆，翻盆之前要浇透水。

③ 鸡冠花开花后，如果天气干旱，需要适当浇水。

花叶私语

　　换盆要诀：如果想使鸡冠花植株粗壮，花冠肥大、厚实，色彩艳丽，可在花序形成后换大盆养育，但要注意移植时不能散坨，因为它的根部极其较弱，否则不易成活。

　　施肥要诀：盆土应肥沃，上盆前可加入复合肥作基肥。肥力不足时追施水溶性肥。

　　防病要诀：鸡冠花容易出现斑点病，症状是叶上病斑呈多角形或圆形，直径 1～5 毫米，周边为暗褐色，中间为淡褐色。可以在发病初期及时喷药防治，药剂有1：1：200 的波尔多液，50%甲基托布津可湿性粉剂、50%多菌灵可湿性粉剂500倍液喷雾、40%菌毒清悬浮剂600～800倍液喷雾，或用代森锌可湿性粉剂300～500倍液浇灌。

向日葵，
我与阳光有个约会

向日葵为一年生草本植物。可以长到1~3米高，属于高大型草本植株。茎直立，粗壮，圆形多棱角，有白色粗硬毛。头状花序极大，直径可达10~30厘米，单生于茎顶或枝端，常下倾，就像一个大大的花盘一样。有意思的是，它的这个大"圆盘"会随着太阳的方位不同而转动，因此得名"向日葵"。向日葵种植简单，管理粗放，花朵大而鲜艳，为阳台盆栽的首选。

绿植小名片

种植难度：高 中√ 低
别名：朝阳花、转日莲、向阳花、望日莲
生产地：我国各地均可种植
所属类型：菊科向日葵属
种植方式：一般以播种繁殖为主
开花时间：夏秋

种植基本功

土壤要求：向日葵对土壤要求不严格，在各类土壤上均能生长，从肥沃土壤到旱地、瘠薄、盐碱地均可种植。有较强的耐盐碱能力。

光照程度：向日葵喜欢充足的阳光，其幼苗、叶片和花盘都有很强的向光性。日照充足，幼苗健壮能防止徒长；生育中期日照充足，能促进茎叶生长旺盛，正常开花授粉，提高结实率；生育后期日照充足，子粒充实饱满。

浇水方式：向日葵是一种耗水较多的植物，但也能抗旱。

繁殖要点：播种繁殖。播种后，覆土约1厘米，两个月之后即可开花。

微农场·成长秀

1 将向日葵种子进行点播，覆土约1厘米，等待出芽。

2 播种后50~80天，会出现星星点点的小花。

3 花朵越长越大了，那娇嫩的模样，看起来非常美丽。

花期要诀：可以人为地控制花期。如果盆栽放入居室培育，4月中旬即可开花。如果要求10月进入盛花期，需在7月上旬用脚芽扦插。8月中旬即可上盆移植，同时摘心，促使多分枝。

施肥要诀：种子成熟后晾干备用。一般在春季3~4月播种，播种前用50~60℃温水浸种20~24小时，捞出后播种。

采收要诀：当外层的舌状花开放时即可采收。在水中或保鲜液中瓶插寿命夏季为6~8天，冬季可达10~15天。一般在采收包装中把叶片去掉，留顶部1片叶为宜。切花可在2~5℃下贮藏1周左右。

巴西鸢尾花，
线条感十足的玉蝴蝶

巴西鸢尾原产于墨西哥至巴西一带，它是多年生草本植物，株高30～40厘米，叶革质，自短茎抽生，叶基扁平，叶片为带状剑形，呈扇形排列，叶色亮绿。花有6瓣，3瓣外翻的其实是白色苞片，基部有红褐色斑块，另3瓣直立内卷，为蓝紫色并有白色线条。

绿植小名片

种植难度：高　中✓　低

别名：马蝶花、鸢尾兰、玉蝴蝶

生产地：我国各地均可种植

所属类型：鸢尾科巴西鸢尾属

种植方式：一般以分株为主

开花时间：4～9月

种植基本功

土壤要求：栽培土质以肥沃的壤土或腐殖质土为佳，排水需良好。

光照程度：虽然巴西鸢尾的适应能力很强，全日照、半日照、明亮散射光处都可生长良好，但更适宜生长在半日照或有遮阴的环境下。

浇水方式：巴西鸢尾喜欢土壤常保湿润，夏季需注意勿缺水，否则叶尖易干枯，影响观赏价值。

繁殖要点：以分株法为主，只要挖取已经发根的花茎苗另外栽种即可。

微农场·成长秀

① 选择已经发根的巴西鸢尾花茎苗，栽种在花盆里。

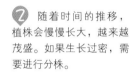

② 随着时间的推移，植株会慢慢长大，越来越茂盛。如果生长过密，需要进行分株。

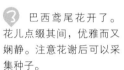

③ 巴西鸢尾花开了。花儿点缀其间，优雅而又娴静。注意花谢后可以采集种子。

花舍秘授

保温要诀：巴西鸢尾生长的适宜温度一般在20～28℃，如果进入寒冷的季节，要注意避风。

施肥要诀：可用有机肥料如豆饼、油粕或三要素，每1～2个月施用一次。

太阳花，
欣欣向荣的快乐之花

太阳花是一种生命力很强的植物，它是一年生或多年生肉质草本，茎高12~15厘米，匍匐地面，分枝多，稍带紫色或绿色，比较光滑。太阳花是一种很好的铺地草花，是挂盆养花的理想品种。

绿植小名片

种植难度：高 中 低√

别名：洋马齿苋、松叶牡丹、半枝莲、死不了

生产地：世界各地均可种植

所属类型：马齿苋科马齿苋属

种植方式：一般在春季播种为主

收获时间：5~11月

 种植基本功

土壤要求：太阳花极耐瘠薄，一般土壤都能适应，而以排水良好的砂质土壤最相宜。

光照程度：太阳花喜欢阳光充足的环境，一定要放在向阳的阳台上。

浇水方式：在生长期的太阳花不必经常浇水。

繁殖要点：用播种或扦插繁殖。春、夏、秋均可播种。最好于4月盆播，可以直播，对基质要求不严，可直接用蛭石单一基质进行播种。当气温20℃以上时种子萌发，播后10天左右发芽。覆土宜薄，不盖土亦能生长。

微农场·成长秀

① 将太阳花的种子进行播种，覆一层薄土，适当地浇水，10天后就出苗了。

② 植株慢慢长成形，在过程中保持适当的水分和光照。

③ 在温度10℃以上的环境下，20多天后，太阳花就开花了。

花间私语

采种要诀：太阳花的果实成熟即开裂，它的种子很容易散落，需要及时采收。

施肥要诀：太阳花比较耐贫瘠，但其实它和其他植物一样，也需要施肥才能更加欣欣向荣地生长，可以施磷酸二氢钾。如果是分株繁殖，栽后发出新苗时要追肥1次，9月后及11月各追肥1次。

防病要诀：对太阳花来说，主要应该防治蚜虫。防治蚜虫的关键是在发芽前即花芽膨大期喷药。此期可用吡虫啉4 000～5 000倍液。发芽后使用吡虫啉4 000～5 000倍液并加兑氯氰菊酯2 000～3 000倍液即可杀灭蚜虫，也可兼治杏仁蜂。坐果后可用蚜灭净1 500倍液。

鸳鸯茉莉，
紫与白的浪漫纠缠

鸳鸯茉莉是多年生常绿灌木，原产于美洲热带地区。它单叶互生，花大多单生，少有数朵聚生的，花冠呈高脚碟状，有浅裂，初开为蓝紫色，渐变为雪青色，最后变为白色，姿态非常优美，能作为阳台的极佳点缀。

86

绿植小名片

种植难度：高 中√ 低
别名：番茉莉、双色茉莉
生产地：我国各地均可种植
所属类型：茄科鸳鸯茉莉属
种植方式：播种、扦插、压条皆可
开花时间：4~10月

种植基本功

土壤要求： 家庭盆栽宜用腐叶土、菜园土和沙按5∶3∶2混合作培养土，忌用黏性土，否则易烂根。

光照程度： 鸳鸯茉莉喜欢阳光而不耐寒，可以放在向阳的阳台上，但盛夏的中午前后要遮阴，避免此时的强光暴晒。

浇水方式： 鸳鸯茉莉在生长季节要常浇水，并向叶面喷水，但它又有怕涝的习性，所以保持盆土稍偏湿润而不涝即可，渍水易烂根。夏天如果能给鸳鸯茉莉适当喷雾，每天2~3次，效果更好。

繁殖要点： 挑选当年采收的籽粒饱满的种子，消毒后进行催芽，使用盆浸法播种。

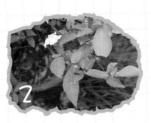

微农场 · 成长秀

① 扦插植株后，在生长过程中适当地剪短一些枝条，促发侧枝。鸳鸯茉莉一般在扦插一年后开花。注意在花期前要略微降低浇水量。

② 花期一般在4~10月，这时，花蕾出现了。

③ 花蕾出现后恢复正常的浇水量，这样可以使其多开花。

④ 开花过后，将留下的残花进行轻度的修剪。

花·养·秘·要

　　保温要诀：冬季可以用薄膜将鸳鸯茉莉包起来，更加适于过冬，但注意每隔两天，就要在中午温度较高时将薄膜揭开，让其透气。

　　施肥要诀：生长期10~15天施1次氮磷钾复合肥，忌单施氮肥，否则枝叶徒长而花稀少。休眠期不施肥。

　　修剪要诀：置于阳台上的鸳鸯茉莉要注意修剪，常保持30~40厘米高的圆形树冠较美，早春翻盆换土时，留15~20厘米高重剪1次，剪下的健壮枝条可作繁殖用，开花后将残花、内膛枝等轻度修剪即可。

富贵籽，

红色果中显富贵

　　富贵籽是常绿小灌木，它的株型美观大方，每株都有众多红色的小果实，果色鲜红欲滴，果实累累，粒粒色质一致，而且经久不落。一串串的红果在绿叶的衬托下，显得热烈而又喜庆，是一种不可多得的耐阴观果花卉。

绿植小名片

种植难度：高 中√ 低
别名：红凉伞
生产地：我国各地均可种植
所属类型：紫金牛科紫金牛属
种植方式：一般以播种或新梢扦插繁殖为主
开花时间：夏季

种植基本功

土壤要求：富贵籽喜阴凉、湿润的中性砂质土壤。

光照程度：富贵籽喜欢半阴环境，阳台种植时，应选择午后无阳光照射处摆放。

浇水方式：春季一般3～4天浇水一次，夏季每天1～2次，秋天2～3天一次。入冬后扣水，保持65％～70％的水分。

繁殖要点：播种可随采随播或沙藏春播。待12月果实鲜红充分成熟后采摘，采摘后果实在清水中浸泡搓去果皮，洗净捞出种子，晾干后进行播种。

微农场·成长秀

① 富贵籽植株上盆后，每月施一次复合肥，植株越来越茂盛。

② 夏季开花了，花是白色和粉红色的，排列成伞形的花序。

③ 出现了成熟的果实，鲜红而晶亮，环绕在枝头。

花言巧语

保温要诀：富贵籽害怕干热和高温，所以夏季当温度升至30℃以上时，就要进行遮阴，并保持良好通风。

施肥要诀：半月追施一次有机薄肥，开花结果期间，可通过叶面喷施0.2%的磷酸二氢钾溶液。开花期要停止施氮肥，果实变红后不必再施肥。

防病要诀：富贵籽比较容易发生的病害是褐斑病，

下部叶片开始发病，逐渐向上部蔓延，初期为圆形或椭圆形，呈紫褐色，后期为黑色。发生这种病害时，可以用多菌灵800倍液喷洒防治。

百合，
极具诱惑的香水气息

百合花是多年生草本球根植物，主要分布在亚洲东部、欧洲、北美洲等北半球温带地区，全球已发现上百个品种，它的花着生于茎秆顶端，呈总状花序，簇生或单生，花冠较大，花筒较长，呈漏斗形喇叭状，六裂无萼片。

绿植小名片

种植难度：高 中√ 低

别名：强瞿、番韭、山丹、倒仙

生产地：我国各地均可种植

所属类型：百合科百合属

种植方式：一般有播种、分小鳞茎、鳞片扦插等

开花时间：夏季

种植基本功

土壤要求：百合要求肥沃、富含腐殖质、土层深厚、排水性极为良好的砂质土壤，多数品种宜在微酸性至中性土壤中生长。

光照程度：百合喜日光充足、略有荫蔽的环境。

浇水方式：喜湿润，在生长旺季和干旱时需适当勤浇水，开花后浇水则只需保持盆土潮润，不宜过湿。

繁殖要点：家庭盆栽可采用分小鳞茎法，9～10月收获百合时，将老鳞茎的茎盘外围的小鳞茎分离下来，贮藏在室内的砂中越冬。第二年春季上盆栽种。培养到第三年9～10月，即可长成大鳞茎而培育成大植株。

① 将百合种子播种后，约20～30天后开始发芽。

② 在发芽后，幼苗期要适当地进行遮阳。

微农场·成长秀

③ 幼苗开始慢慢长大，长出叶子。

④ 叶子变得更加茂盛了，这时如果花盆较小，需要进行分栽。

⑤ 开始孕育出小小的蓓蕾。

⑥ 百合开花了。

红花绿叶迷人眼，美丽种养享不停

花友秘授

开花要诀：百合生长、开花温度为16~24℃，低于5℃或高于30℃生长几乎停止，10℃以上植株才正常生长，超过25℃时生长又停滞，如果冬季夜间温度低于5℃持续5~7天，花芽分化、花蕾发育会受到严重影响，推迟开花甚至盲花、花裂。

施肥要诀：百合喜肥，定植3~4周后追肥，以氮钾为主，要少而勤。但忌碱性和含氟肥。

采收要诀：百合开花之后，应该及时进行采收。如果过早采收，往往开放不佳；而过晚采收，又容易因为花粉散出而污染花瓣。最好在早上10点进行剪花，及时放入清水里。

绿植链接

百合是一种观赏性非常强的花卉，可以摘取下来放入花瓶中，能将室内环境装点得更为美丽。

1.选取鲜花：

选择那些茎粗壮、花序上只有一二朵花开放且花瓣无机械损伤的花枝。然后再看花苞是否饱满，太小、太紧的花苞有可能泡水时不开放。

2.修剪花脚

将花脚倾斜45°剪短2~3厘米，让花吸水的管道保持通畅，鲜花也就能开得更久。

3.摘取花叶

将花枝附近的叶子摘除干净，这样可以减少叶子消耗更多养分和水分，让花期更长一些。

4.放入瓶中

将花枝放入盛了清水的花瓶里，还可以滴入专业的鲜花保鲜剂。如果没有保鲜剂，最好每天换水，一般百合能有一周左右的观赏期。

非洲菊,
色彩缤纷的南非来客

非洲菊原产于南非，少数分布在亚洲，如今它在中国的栽培量越来越多，也成为阳台养花的新宠。它是多年生草本植物，顶生花序，花色分别有红色、白色、黄色、橙色、紫色等。

绿植小名片

种植难度：高 中√ 低

别名：扶郎花、灯盏花、秋英、波斯花

生产地：我国各地均可种植

所属类型：菊科大丁草属

种植方式：播种、分株、组织培养

开花时间：夏季或冬季

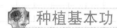 种植基本功

🔺‖**土壤要求**：疏松肥沃、排水良好、富含腐殖、土层深厚、微酸性的砂质壤土。

☀‖**光照程度**：非洲菊喜光，冬季需要全光照，但夏季最好适当遮阴。

‖**浇水方式**：定植后苗期适当保持湿润，生长期要保持水分充足，夏季3~4天浇水一次，冬季15天一次。注意不要从叶丛中浇水。

‖**繁殖要点**：可以采用分株法繁殖，每个母株可分5~6小株。

❶ 将非洲菊种子播种后，以薄土覆盖，注意选择排水性好的砂质壤土。

❷ 出苗之后，保持生长环境空气流通、阳光充足。

微农场·成长秀

❸ 植株渐渐长大了，注意早晨或傍晚浇水，入夜时保持相对干燥。

❹ 非洲菊开花了，花朵的颜色多种多样、五彩缤纷。

❺ 非洲菊的花期很长，可以每隔一周施一次复合肥。

施肥要诀：非洲菊是一种非常喜肥的花卉，对于肥料的需求是比较大的。所以平时要注意施肥，肥料中氮、磷、钾的比例一般为15∶18∶25。追肥的时候，则应该特别注意补充钾肥。春秋季每5~6天追肥一次，冬夏季每10天追肥一次。若高温或偏低温引起植株半休眠状态，则应该停止施肥。

开花要诀：非洲菊的花瓣色彩对温度和光照非常敏感，所以夏季要保持湿润不受旱，并进行一定的遮阳，才能保持非洲菊花朵色彩的鲜艳。

防病要诀：非洲菊比较容易出现斑点病。一旦发现病叶要及时摘除，集中销毁；发病初期喷施2.5%腈菌唑乳油300倍液或70%甲基托布津可湿性粉剂800~1 000倍液，7天喷1次，连续喷2~3次。此外还可能出现灰霉病，应对方法是将生长过密的叶片疏除，增加通风透气，空气湿度保持在75%~85%；从植株冠丛以下浇水；为防止水蒸气在花朵上凝结；发病初期用70%甲基托布津1 500倍液叶面喷雾，并结合烟雾剂进行防治。

防虫要诀：非洲菊比较常见的虫害有蓟马和菜青虫。出现蓟马时，应该及时剪除有虫花朵，进行农药蒸熏。而如果出现了菜青虫的幼虫，可以用10%虫除尽2 000~2 500倍液进行喷雾；如果出现的是菜青虫的高龄幼虫，则可以采用有高效氯氰菊酯1 000倍液进行防治，7天1次，连续3次。

矮牵牛，
绚烂夺目的"灵芝牡丹"

矮牵牛为多年生草本植物，花冠形似喇叭，也有喇叭花之称，花形有单瓣、重瓣、波状、锯齿状等，花色也是丰富多彩，有紫红、鲜红、桃红、纯白、肉色以及红底白条纹、淡蓝底红脉纹、桃红底白斑条等。作为盆栽、吊盆或在花坛大面积种植都有令人赏心悦目的观赏效果。

96

绿植小名片

种植难度：高 中√ 低
别名：矮喇叭、毽子花、碧冬茄、灵芝牡丹
生产地：我国各地均可种植
所属类型：茄科矮牵牛属
种植方式：一般以播种为主
开花时间：秋季

种植基本功

土壤要求：要求疏松肥沃和排水良好的砂质壤土。盆土过湿或长期积水容易导致烂根死亡。

光照程度：矮牵牛属于长期日照植物，所以要求阳光一定要充足。

浇水方式：矮牵牛耐旱不抗涝，夏季生长季可以多浇一些水，平时则是见花盆快干再浇水即可。

繁殖要点：一年四季均可播种，花期一般在5月、10月，所以秋播时间为10～11月，春播时间为6～7月。种子不要覆盖任何介质，否则影响发芽。

① 在培育土中对矮牵牛种子进行培育，种子不要覆盖任何介质，以免影响发芽。

② 保持介质温度22~24℃，4~7天之后，矮牵牛的种子出苗了，并慢慢长出植株。

微农场·成长秀

③ 株苗越来越多，越来越茂盛。

④ 矮牵牛的植株生机勃勃，注意通风和防病。

⑤ 矮牵牛开花了。

花友秘授

采种要诀：矮牵牛一般采用种子来繁殖，获取种子后，先用晾晒的方式祛除种子的水分，才能长时间保存。常温保存的话可以直接把种子放入塑料袋或纸袋中，放在干燥通风的地方即可。或者可以采取低温冷藏保存，将种子包裹后，放在冰箱冷藏，维持4～5℃的低温即可。

施肥要诀：长出叶片后每隔10天施肥一次，生长季可以稍微增加分量。

防病要诀：矮牵牛比较容易发生的病害是白霉病，发病后要及时摘除病叶，发病初期喷洒75%百菌清600～800倍液。

98

绿植链接

矮牵牛的花色各种各样，花瓣形状也有平瓣、波状、锯齿状瓣之分，如果细细分来，又能分为许多品种。常见的矮牵牛品种有以下这些：

1.梦幻系列：株高18～20厘米，抗病品种，其中玫瑰梦花呈玫瑰红，黄心，花径8～10厘米。

2.阿拉丁系列：株高30厘米，花色多种，其中蓝天花呈鲜蓝色，花径10厘米，更为突出。

3.猎鹰：矮生种，株高10厘米，花径9厘米，花色多，其中红星鲜红/白双色呈星状。

4.呼拉圈系列：株高30厘米，双色种，早花型，花径9厘米。

5.地毯系列：单瓣多花品种，抗热品种，分枝性强，花紧凑，其中火焰花瓣为红色，具金黄色喉部。

6.幻想曲系列：单瓣密花品种，株高25～30厘米，花小，属迷你型，花径2.5～3厘米，分枝性强，其中天蓝最为突出。

7.梅林系列：单瓣密花品种，株高25厘米，早花种，分枝性强，花色多样，从播种至开花需80天，为抗病品种。

六倍利，
象征幸福的簇拥花束

六倍利为多年生草本植物，半蔓性，分枝纤细。花有小柄，形状看似蝴蝶展翅，颜色也是五彩斑斓，有红、桃红、紫色、紫蓝、白色等。通常被拿来做花坛、花镜的装饰用。它还有一定的药用价值，对于毒蛇咬伤、跌打损伤等均有一定的疗效。

绿植小名片

种植难度：高 中√ 低

别名：翠蝶兰、山梗花、花半边莲、南非半边莲

生产地：山梗菜科山梗菜属观花植物

所属类型：一般在秋季播种为主

开花时间：秋播后翌年1～2月开花

种植基本功

土壤要求：富含腐殖质、疏松肥沃、排水良好的土壤。

光照程度：六倍利喜欢长时间的日照。但是忌强光暴晒，或者酷热天气长时间晒太阳。

浇水方式：尽量让盆土保持湿润，尤其播种后浇水要特别注意，使用细孔的喷壶浇水，力道不能太大，避免种子被冲走。

繁殖要点：种子非常细小，播种时可以混合一些细沙进行播种，发芽时不需要覆盖薄膜。如果想让一盆花呈现球状的效果，需要播种时准备稍大一点的花盆，种子撒得密集些。

① 将六倍利的花苗假植在花盆中。

② 一周之后，将六倍利花苗定植在花盆里。

微农场·成长秀

③ 简单地打头后，不久就长满了花盆。

④ 第一朵六倍利绽放开来了。

⑤ 六倍利边长边开花，已经是满头的花苞了。

花友秘笈

施肥要诀：对六倍利植株进行施肥，在冬季施腐熟肥或堆肥即可。尤其在六倍利的花期即将来临之前，要多补充磷肥，这样才能让花朵盛开得更多、更鲜艳。

采种要诀：六倍利的种子非常细小，收获季节应该尽快采收，否则很容易自行脱落。收集好的种子用纸包好后放在冰箱内贮存，可以保证2年的生命力。

绿植链接

六倍利的药用功能

六倍利不仅是一种非常具有观赏性的花卉，而且还具有一定的药用功能。早在我国古代，医书《寿域神方》中就曾经说过六倍利可以和雄黄等药物一起用来治疗寒齁气喘、疟疾寒热等疾病。此外，六倍利还可以作为一种外用的药物，来治疗一些皮肤上的损伤。

1.治疗蛇虫咬伤：

一种方法是将六倍利采摘后洗净，浸泡在烧酒中，然后用来擦洗伤口；一种方法是将新鲜的六倍利采摘50～100克，洗净捣烂后取汁，然后用来涂擦伤口，并将捣烂的六倍利敷在伤口的周围。

2.治疗疔疮肿毒：

将新鲜的六倍利采摘后清洗干净，加上几粒食盐，一起放在碗中，捣烂之后敷在患处，可以进行一定的缓解。

波斯菊,
色彩各异八瓣格桑花

波斯菊是一年生草本植物,植株高大,叶形别致,花色丰富多彩,有粉、白、深红等,改良后的花不仅从单瓣变成了重瓣,花色也新添了红、蓝、紫、橙、黄几种。被广泛栽植用于园艺、切花、干花材料,或者是布置花镜和花坛。繁殖能力很强,很容易形成一片花海。

绿植小名片

种植难度:高 中√ 低

别名:秋英、大波斯菊、格桑花

生产地:我国各地均可种植

所属类型:菊科秋英属观花植物

种植方式:一般在3月下旬或4月上旬开始播种

开花时间:以秋季为主

 种植基本功

 土壤要求:对土壤要求不严,以耐干旱贫瘠且排水良好的砂质土壤为最佳。

光照程度:波斯菊是向阳植物,耐干旱,但害怕酷热,所以种植时应该注意避免长时间的强光暴晒。

浇水方式:对波斯菊应该遵循少施肥浇水的原则,过多的水分容易引起植株的徒长,最后倒伏。天旱时浇2～3次水即可。

繁殖要点:3月下旬或4月上旬开始播种,在低温较低的情况下也会发芽。但是过早种植,就会长成2米的巨株,经不起风袭。

微农场·成长秀

1. 波斯菊种子撒播之后,开始在土壤中出苗。

2. 出苗越来越多,植株渐渐长成,注意保持空气的流通。

3. 波斯菊开花了,有粉、白、深红等色,小巧可爱。

花友秘笈

　　播种要诀:波斯菊株型较高,而且稀疏松散,所以很容易在下雨或刮风后出现大面积的倒伏。为避免此类情况,应在7~8月间进行播种,这样一来,10月开花后,植株普遍矮小整齐。

　　修剪要诀:在波斯菊的各个生长期还需要进行多次摘心,既可以矮化植株,又能促使分枝萌发,增加花朵数。

　　施肥要诀:对肥水要求不严,在生长期每隔10天施腐熟尿液一次即可。

　　采收要诀:波斯菊在7~8月间开花,就不会结籽了,而且种子熟透后很容易自行脱落,所以等种子一旦开始变黑就立即采收,但是在中午或下午种子颗粒干透的时候采收,就会使种子一触即散落,很不利于采收,所以应该在清晨湿度最高的时候进行采收。收好的种子,不同的品种分开放置,以保持品种优良性。

旱金莲，
群蝶飞舞绿叶中

旱金莲是一年生或多年生攀缘性植物。其花可以入药，嫩梢、花蕾以及新鲜种子可以作为辛辣调味品。旱金莲叶肥花美，枝蔓缠绕似碗莲，花色也很繁多，有紫红、橘红、乳黄等。一株同时开出几十朵花，香气扑面，被人们所喜爱。

绿植小名片

种植难度：高 中√ 低

别名：旱荷、金莲花、金钱莲、大红雀、寒金莲

生产地：我国各地均可种植

所属类型：旱金莲科旱金莲属

种植方式：一般在8~9月播种为主

开花时间：全年均可开花

种植基本功

土壤要求：旱金莲的土壤适应性很好，在排水良好、富含有机质的砂质土壤中种植更佳。

光照程度：旱金莲喜欢温暖湿润和阳光充足的环境，但是夏季应避免直接在强光下暴晒。

浇水方式：浇水不宜太过频繁，保持盆土湿润即可。生长期水量可以适量增多，但出现花蕾后就要酌减。

繁殖要点：如果在3~6月播种，花期在8~12月；如果在秋季8月下旬或9月播种，元旦、春节期间开花。播种前先将种子在40~45℃的温水中浸泡24小时，点播后覆盖1厘米左右的土，并保持湿润，7天发芽。

微农场·成长秀

❶ 在秋季进行播种，覆土1厘米，7天后就发芽了。

❷ 长到2~3片真叶时，摘心上盆，适当整理叶片。

❸ 旱金莲进入初花期，茎蔓越长越长。

❹ 侧蔓上的花朵相继开放，颇为美丽。

花会秘密

采种要诀：如果1月开花，到3~4月种子就成熟了，采集后晾干，避光保存即可。

支撑要诀：旱金莲枝叶蔓生，一般都必须搭个支架，不然任由其生长，肯定会影响美观。

施肥要诀：生长季每隔20天施一次腐熟豆饼水，开花期间每隔半个月施磷酸钙。花谢后再继续追施豆饼水以补充养分。

一串红，
赏心悦目的红色奇观

一串红为多年生草本植物，花冠和花萼为红火艳丽的颜色，远看像一串串红爆竹，因此又名"炮仗红"。现在的变种有白色、粉色、紫色等，叫做一串紫、一串白、一串粉，而且花期较长、不易凋谢，是布置花坛、装点家居的不错选择。

绿植小名片

种植难度：高 中√ 低

别名：炮仗红、象牙红、西洋红、拉尔维亚

生产地：世界各地均可种植

所属类型：唇形科鼠尾草属观花植物

种植方式：一般在春季播种为主

开花时间：6～10月

种植基本功

土壤要求：一串红适应性比较好，但是在疏松肥沃、排水性良好的土壤中生存更好。

光照程度：一串红喜光畏寒，需要照射阳光才能生长得更好，但是要避免强光暴晒。

浇水方式：生长期可以每两天浇一次水，以免叶片发黄脱落，进入生长旺季可以适当增加浇水量。

繁殖要点：四季均可播种，选择砂质土壤作为苗床，保持湿润，放在向阳的地方，6～7天即可出苗。

微农场·成长秀

① 将一串红株苗移栽入盆内，注意浇水和空气流通。

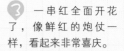

② 植株慢慢生长，叶子越来越多，越来越茂盛，进入了花期。

③ 一串红全面开花了，像鲜红的炮仗一样，看起来非常喜庆。

花之秘授

采种要诀：花期过后一段时间，留下来的椭圆形小坚果就是一串红的果实。它里面有黑色的种子，成熟后很容易脱落，在没有人工养殖的情况下，它就靠种子的自播能力来繁殖。收集好的花种，要放在干燥通风的避光处，等到需要时拿出来播种即可。

保温要诀：一串红对温度的变化比较敏感，不光在发芽前应该注意温度的保持，在夏天高温期也要降温或者拿遮挡物来给它蔽荫。

施肥要诀：盆栽时盆内要放好基肥，进入生长旺季，开始每月两次追肥。

四季海棠，
优美清香的相思红

　　四季海棠为多年生草本植物，它是秋海棠属中最被广泛栽培的一种。叶片柔嫩富有光彩，花朵簇拥在一起盛开，一年四季都可以看到它开花时的优美身姿，并且伴随着点点清香，让人爱不释手。

种植基本功

　　土壤要求：要求排水良好、疏松肥沃、富含腐殖质的酸性土壤。

　　光照程度：四季海棠在夏天不耐阳光照射，要注意蔽荫，但在冬天就需要给予充足的阳光照射。

　　浇水方式：四季海棠不是特别需要水的灌溉，盆土见干后再进行浇灌就可以了。

　　繁殖要点：最适合的播种期为每年的3~4月或者10~11月。因为四季海棠的种子太过细小，所以一般是需要蛭石或者珍珠石来充当播种介质的。播种后不用覆土，盖上玻璃，放在半阴处，保持湿润就可以了。

108

绿植小名片

种植难度：高√ 中 低
别名：玻璃翠、蚬肉秋海棠、四季秋海棠
生产地：我国各地均可种植
所属类型：秋海棠科秋海棠属观花植物
种植方式：一般在秋季播种为主
开花时间：全年均可开花

微农场·成长秀

① 四季海棠定植缓苗后，每隔10天追施一次液体肥料。

② 出苗越来越多，移植到小花盆中，移植后必须充分浇水。

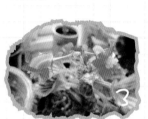

③ 植株会越来越大，在长得过大的时候，可以修剪到一半左右。

④ 四季海棠全面开花了，注意不要忽略摘心修剪工作。

花房秘籍

采种要诀：在8~9月种子成熟后就可以采收了，这时候的种子发芽力极强。当然，也可以把种子晾干后放在干燥处贮存。

开花要诀：如果室温一直处于15℃以上，就可以继续施肥，四季海棠就可以一直开花。

施肥要诀：在生长期，每周施一次稀薄液肥。

修剪要诀：栽植四季海棠要注意摘心，当花凋谢后就要及时修剪残花，才能让它多长出分枝，下次还能多开花。否则就会使植株徒长，株型也不美观。

洋凤仙,
令人炫目的花中金凤

洋凤仙是多年生草本植物,它花期长,开花多,花大而艳,且花色丰富。是欧美国家最流行的盆栽花卉,品种也特别丰富,最常见的有两大类别,单瓣的"重音""节拍""超级精灵""漩涡""耀眼"等系列;重瓣的"旋转木马"系列。其中还有很多花开后是星形或者有其他图案镶嵌的,非常吸引眼球。

绿植小名片

种植难度:高 中√ 低
别名:矮凤仙、玻璃翠、指甲花、纹瓣凤仙
生产地:我国各地均可种植
所属类型:凤仙花科凤仙花属观花植物
种植方式:一般以播种为主
开花时间:全年均可开花

种植基本功

土壤要求:需要疏松肥沃、排水良好的土壤,栽植时可以用泥炭土或蛭石作为介质。

光照程度:洋凤仙不耐强光照射,夏天要注意蔽荫。

浇水方式:因为洋凤仙的枝叶花茎都非常柔嫩,所以一旦缺水就会很快干枯,甚至死亡。所以在播种后就要勤浇水,即使没有长期晒太阳也不能中断浇水。

繁殖要点:在适宜的温度下,洋凤仙适宜全年播种。将种子撒播在培养土中,覆盖一层薄土,5~6天后即可发芽。

微农场·成长秀

① 洋凤仙种子撒播之后，在土壤中出现了发芽的小苗。

② 植株快速生长，可以进行移栽上盆。

③ 洋凤仙开花了，其花期很长，注意开花期间的通风。

花友秘籍

采种要诀：洋凤仙的花种数量很多，一般呈黑色，成熟时外壳会自动炸裂，种子就随即被弹出，属于自播形植物，所以在采种的时候一定要及时。收集好的种子放在干燥通风处贮存即可。

通风要诀：阳台种植洋凤仙一定要注意给它通风透气，否则会导致它植株徒长，影响开花。

施肥要诀：洋凤仙喜肥，需要定期施浇液肥。最好每周一次，夏季和冬季时量和浓度都要减半。

修剪要诀：洋凤仙很容易养护，株型生来就很漂亮，一般不需要刻意人为去修剪。如果想改变株型，修剪后半个月它就能够又丰满起来。

美女樱，
小花伞构筑幸福花海

美女樱是多年生草本植物，花朵部分呈伞状，花色丰富，颜色艳丽，有白、红、蓝、雪青、粉红等，大片的美女樱盛开时，远看好像花海一般，景色颇为壮观，令人流连忘返。一般作为盆栽观赏或花坛布置。此外，美女樱全身都可入药，具有清热凉血的功效。

绿植小名片

种植难度：高 中√ 低

别名：草五色梅、铺地马鞭草、铺地锦、四季绣球

生产地：我国各地均可种植

所属类型：马鞭草科马鞭草属观花植物

种植方式：一般以播种、扦插或分株为主

开花时间：5～11月

种植基本功

土壤要求：对土壤要求不严，但在疏松肥沃、较湿润的中性土壤中栽植更好。

光照程度：美女樱怕热，所以春夏秋三季不能把它放在太阳下暴晒，但冬季可以直接让它照射太阳。

浇水方式：美女樱不耐旱，所以要保持盆土的湿润，但是不能让盆土积水，容易烂根。

繁殖要点：常在9月下旬以后进行秋播，先用温水将种子浸泡3～10个小时，直到种子吸水膨胀。播种后覆盖基质。

微农场·成长秀

1 早春在适宜的温度下播种，直到出苗，长出2片真叶。

2 进行移栽定植，注意保持空气的湿度。

3 开花前进行两次摘心，然后等待开花，花的数量会更多。

花房私语

　　采种要诀：美女樱种子的寿命不长，一般只有两年，如果放在低温、干燥、空气流通缓慢的环境中，种子的生命活动会减慢，寿命也会相对延长一些。

　　修剪要诀：在阳台种植美女樱要注意适时合理地修剪枝条，否则因为枝条太过密集而不通风的部位很容易自然枯死。

　　施肥要诀：美女樱喜肥，但是在施肥时应该遵循"淡肥勤施，量少次多、营养齐全"的原则。一般春秋生长旺季需要每周施肥两次，夏天和冬天就可以减少次数。

迷迭香，
净化空气的海洋之露

迷迭香原产于地中海沿岸，是常绿灌木，株直立，叶灰绿且呈狭细尖状，叶片会散发出松树香味。春夏开淡蓝色小花，像小水滴一般。迷迭香不仅有着清幽的外形，更是自古就被视为能增强记忆的药草，如今也被认为具有抗氧化作用，还能净化空气。

绿植小名片

种植难度：高 中√ 低

别名：海洋之露

生产地：我国各地均可种植

所属类型：唇形科迷迭香属

种植方式：一般以扦插为主

开花时间：4～10月

种植基本功

土壤要求：比较适宜富含砂质、排水良好的土壤。

光照程度：喜欢充足的日照，但夏季要略微遮阴，并放置在通风的地方。

浇水方式：迷迭香比较耐旱。在移栽后要浇足水，浇水时注意不要让苗倾倒；而在苗成活之后，则要少浇水。

繁殖要点：迷迭香种子繁育出的种苗品质较差，所以繁殖方式一般以扦插为多，最好选择阴雨天，或者早晚阳光不强烈的时候进行。

微农场·成长秀

① 撒播迷迭香种子，大约3~4星期后，种子渐渐开始发芽出苗了。

② 进行移栽定植，注意移栽株行距为40×40厘米，不要过于密集。

③ 迷迭香开花了，有蓝色、粉红色、白色等等。

花友秘籍

　　施肥要诀：迷迭香较耐瘠薄，在幼苗期可以根据土壤条件不同在除草后施少量复合肥，施肥后要将肥料用土壤覆盖。

　　修剪要诀：迷迭香的生长比较缓慢，所以修剪不能过分，修剪时以枝条长度的一半为限。

　　使用要诀：迷迭香采收后可以作为烹调或制茶的材料，但采收后如果不立即使用，则应该马上将其烘干，以免香气流失。

文心兰，
兰花在绿叶间跳舞

　　文心兰其实是兰科中的文心兰属植物的总称，是世界重要的盆花和切花种类之一。它有着许多千姿百态的品种，且多为杂交种。文心兰的植株轻巧而又潇洒，花茎轻盈下垂，花朵奇异可爱，形似飞翔的金蝶，极富动感，它的花色以黄色和棕色为主，还有绿色、白色、红色和洋红色等。

绿植小名片

种植难度： 高 中√ 低

别名： 跳舞兰、舞女兰、金蝶兰、瘤瓣兰

生产地： 我国各地均可种植

所属类型： 兰科文心兰属

种植方式： 一般以分株和组织培养繁殖为主

开花时间： 全年均有开花品种

种植基本功

　　土壤要求： 文心兰喜欢较干燥的环境，故宜使用排水、通气良好的介质，因此蛇木屑就是最佳的选择，最好添加少许具有保水力的水苔，更能使植株生长良好。

　　光照程度： 文心兰应适度遮光，夏季遮去50%～60%的阳光，冬季遮去20%～30%的阳光。阳光太强容易使文心兰生长缓慢，并引起日灼病；光照不足又会使叶片生长不良，开花减少。

　　浇水方式： 文心兰喜湿，但要根据不同品种的需求来进行日常浇水。在冬季要减少浇水，气温降至10℃时停止浇水。而在夏季，要在文心兰周围喷水，增加湿度。

　　繁殖要点： 文心兰为复茎类洋兰，成株后都会长出子株，待子株有假鳞茎时剪离母株即可。

微农场·成长秀

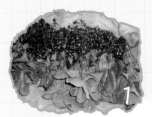

① 播种繁殖，出苗后保持适度的光照和通风。

② 定植后，株苗长得越来越高，越来越茂盛。

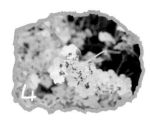

③ 植株渐渐长成，注意温度和湿度都不要过高或过低，以免影响花期。

④ 文心兰开花了，注意开花后要及时摘除凋谢的花枝和枯叶。

花友秘授

分株要诀：一般来说，文心兰在栽培2~3年之后，植株渐渐长大，并长出了小株，根系过满，这时就要换盆了。最好在开花后进行，未开花植株可以选择在生长期之前进行，如早春秋后天气变凉时进行，栽培材料应一起更换，换盆可结合分株一起进行。

施肥要诀：5~10月为文心兰的生长旺盛期，每半月施肥1次。冬季休眠期可停止施肥。

风信子,
色彩绚烂的浪漫注解

风信子是多年生草本植物，原属于百合科，现在已经被提升为新的风信子科的模式属。它品种丰富，色彩绚丽，除了始祖颜色蓝色之外，还有红、蓝、白、紫、黄、粉红等。开花时，花朵在植株顶端簇拥盛开，清香沁人心脾。

绿植小名片

种植难度：高 中√ 低

别　名：洋水仙、五色水仙、时样锦、西洋水仙

生产地：世界各地均可种植

所属类型：风信子科风信子属观花植物

种植方式：一般在冬季，以小球茎分球种植

开花时间：在温度与光照适宜的条件下，12月至次年1月为开花时间。

种植基本功

土壤要求：风信子要求肥沃、有机质含量高、排水性好但不会太干燥的砂质土壤，中性到微碱性最佳。

光照程度：风信子喜光，但是要控制光照时间和强度。光照过弱会导致花茎徒长，花苞小，叶片发黄等。适当加长光照时间，可以使株型优美。

浇水方式：风信子喜欢湿润，但水量过多会导致根部发霉腐烂，最好不要经常浇水，保持适当湿润就可以了。

繁殖要点：放入球茎后覆上10～15厘米土，发芽后去掉覆土，让它照射阳光。如果是常见的分球繁殖，花后整株挖出后剪掉花杆和叶子，将球茎单独埋进土中即可。

118

① 将球茎种在干净的水培瓶中，水面离球茎的底部有1~2厘米的空间，切勿将水淹过球茎底部。

② 出叶片和花苞。叶芽长出5厘米时就要放在阴暗处，不能直接照射阳光，增加水量使水位够到球茎。等花蕾长出来后，需要每天晒1~2小时的阳光，以帮助花苞成长。

微农场·成长秀

③ 花蕾着色了。在花蕾着色期间，室内温度要保持在17~20℃，但不能直接放在靠近热源的地方，否则会影响风信子开花的时间。

④ 花蕾在不断发育完善，这时候要保证植株有足够的光照，光照不足会让花苞凋谢或让叶片发黄。

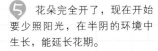

⑤ 花朵完全开了，现在开始要少照阳光，在半阴的环境中生长，能延长花期。

松土要诀：如果是地栽的风信子，在出苗之后，要对其进行及时的松土；但如果是盆栽的风信子，则没有太大必要。

支撑要诀：很多风信子的花梗比较大而且长，所以要设立起支架来支撑花序。将绿色的棍子在盆中立起，将倒下的花序扶起，用绿色毛线绳绑好。当然，也可以使用专门的支架。

施肥要诀：在冬季可以施一次追肥，春季开花前、花谢后再各追肥一次。

补光要诀：如果发现风信子的植株出现了瘦弱、茎过长、花苞小、花早谢、叶发黄等情况，就要观察是否光照不足。如果光照不足，可以用白炽灯在1米左右处补光；但光照过强也会引起叶片和花瓣灼伤或花期缩短，所以要掌握好光照强度和时间。

修剪要诀：风信子花谢后需剪除花序部分，只留花梗。但仍然要维持正常的浇水和施肥，一直到叶片枯萎，再掘起球根来贮藏，让花芽分化。

防病要诀：风信子一般很少发生虫害，但可能遭遇病害，比如软腐病、菌核病和病毒病等。所以种植前基质要严格消毒，种球清选并作消毒处理，生长期间每7天喷一次1000倍退菌特或百菌清，交替使用，此外还要严格控制浇水量，加强通风管理。

水仙，
金盏银台上的凌波仙子

水仙为多年生草本植物，大多为水养，在中国已经有一千多年栽培历史，是中国的传统名花之一。植株低矮，叶片呈扁平线形，花从叶丛中抽出，味道清香，花色除常见的白色外，还有黄色的喇叭水仙。品种也很繁多，有围裙水仙、仙客来水仙、三蕊水仙、法国水仙等。

绿植小名片

种植难度：高 中 低√
别　　名：凌波仙子、金盏银台、落神香妃、玉玲珑、金银台、姚女华
生产地：世界各地均可种植
所属类型：石蒜科水仙属观花植物
种植方式：一般小球茎种植
开花时间：1~3月

种植基本功

土壤要求：要求疏松肥沃、土层深厚的冲积砂壤土为最佳。

光照程度：冬季水培水仙花，需充足的光照。多晒晒太阳对植株和花都有益处。

浇水方式：水分是水培水仙花的关键所在，将水拿去阳光下晒晒可以使水仙长得更加健壮。如果想推迟花期，可以在晚上把水倒光，第二天清晨再加清水。

繁殖要点：冬季水培水仙，水温为12~15℃为最佳，水养之前，先剥去鳞茎球外层干枯的褐色鳞片叶，去除护根泥和根部的褐色部位，洗干净表面后，在浅盆中直立，四周用小石子固定住，将清水淹过球茎的大半部分即可。

① 雕刻水仙球。为了使叶片弯曲，一般需要用刀把叶片削掉一点。

② 泡水。将其放在水中浸泡1~2天，使其吐出黏液。

微农场·成长秀

③ 将其放在阳光充足的地方，进行水培。

④ 水仙长得越来越茂盛了。注意需要充足的光照。

⑤ 水仙开花了。可以在晚上倒完水后，第二天再加清水。

⑥ 花开得越来越多。

花友私寄

水养要诀：要防止水仙出现"哑花"，要挑选三年生的优质鳞茎来水养，水养用水最好选择雨水或水塘水，如果使用自来水的话，要先贮存一天再用。还要保证水仙的光照充足，每天不少于6小时。

施肥要诀：水培水仙花不需要任何肥料，只需要清水即可。土壤养殖的水仙好肥，在发芽每隔七天追一次肥，入冬前要施1次磷钾肥来提升耐寒力。1月停止施肥，2月下旬开始继续施肥。

绿植链接

水仙的不同品种：

喇叭水仙：鳞茎球形，叶呈扁平线形，有宽叶和窄叶品种，有花被白色、副冠黄色或花被副冠全为黄色的。

围裙水仙：植株低矮，叶呈细带状，暗绿色；花单生，形小，副冠呈长漏斗状。花的被片很小，花色纯黄。

仙客来水仙：植株矮小，形小而下垂或侧生；花为黄色，花被片向后卷曲。

明星水仙：鳞茎为卵圆形，叶呈扁平状线形，粉绿色。花单生，花被与副冠均为黄色，亦有花被为白色的品种。

三蕊水仙：植株矮小，花1～9朵聚生，雄蕊仅三枚，伸出副冠之外；花白色，形似仙客来水仙而副冠短。

法国水仙：花3～10朵聚生；副冠与花被同色或异色，具芳香。

红口水仙：又称红水仙。叶长30厘米左右，宽0.8～1厘米。花被白色；副冠成浅杯状，黄色，边缘被皱，略带红色。

蟹爪兰，
蟹爪状的"圣诞仙人掌"

蟹爪兰为附生性小灌木。主茎圆形，很容易木质化。分枝众多，呈节状，还有很多刺毛。因为枝节连接的形状像蟹爪，所以得名蟹爪兰。最常见的品种有大红、粉红、杏黄、纯白色。花朵娇嫩，色彩明艳动人。冬天开花的蟹爪兰总是给人们带来春的气息。此外，它全株都能入药，有解毒消肿的功效。

绿植小名片

种植难度：高 中√ 低

别名：圣诞仙人掌、蟹爪莲、仙指

生产地：世界各地均可种植

所属类型：仙人掌科蟹爪兰属观花植物

种植方式：一般9月中旬扦插为主

开花时间：9月至次年4月

种植基本功

▲‖**土壤要求**：要求肥沃疏松、排水性良好的土壤，可以在用腐叶土、泥炭、粗沙混合的土壤中栽植。

☀‖**光照程度**：蟹爪兰喜欢半阴的环境，且因为它属于短日照植物，所以在短日照环境中才能开花。夏天要避免在烈日强光下直接暴晒，冬季则需要充足的光照。

💧‖**浇水方式**：蟹爪兰喜欢湿润的环境，生长时每隔3～5日浇一次水，水量不要太多，保持盆土湿润就可以了。要避免盆内积水，容易引起烂根。浇水时尽量不要沾湿植株。

🌱‖**繁殖要点**：在9月中旬选择晴天进行扦插种植，用消过毒的刀将选好的茎节切下1～2节，放在阴凉处2～3天，切口干后插到培养土中，浇一点点水后放在背阴处。2～3周生根。

微农场·成长秀

① 早春或晚秋，将蟹爪兰扦插后保持湿润，很快就会长出根系和新芽，然后上盆。

② 植株越长越茂盛，注意保持干燥的空气环境。

③ 保持温度在10~15℃，蟹爪兰开花了。

花友秘授

开花要诀：蟹爪兰的向光性很强，随意改变它的向光位置会对其长势产生一定的影响，尤其是在开花前，改变向光位置可能会导致花苞掉落。

养护要诀：蟹爪兰适合在弱酸性土壤中生长，土壤的pH过高或过低都会影响其长势以及花色，我们使用的自来水一般是中性或以上，如果长期用自来水来浇花，久而久之土壤必然会偏碱性。所以每半年就要用硫酸亚铁对土壤进行一洗中和。

施肥要诀：蟹爪兰喜肥，在生长季每隔半个月施一次薄氮肥，平时可以在盆土中加些含磷较多的鸽粪、鱼骨等。但肥料切忌跟根部直接接触。开花前每隔7~10天追施一次含磷液肥。

瓜叶菊,
传递喜悦的美好之意

瓜叶菊为多年生草本植物,分为高生种和矮生种。整个植株附着细毛,叶片大如瓜叶,翠绿油亮,花在枝叶顶部簇生,花色丰富艳丽,有蓝、紫、红、粉、白或者红白相间的复色。种类大致可以分为大花型、星型、中间型、多花型四类。瓜叶菊的花语是喜悦与快乐。

绿植小名片

种植难度:高 中√ 低

别名:千日莲、瓜叶莲、千里光

生产地:世界各地均可种植

所属类型:菊科瓜叶菊属观花植物

种植方式:一般以播种繁殖为主

开花时间:一般为1~4月

种植基本功

‖土壤要求:需要疏松、排水良好的土壤。以富含腐殖质的微酸性砂质土壤为最佳。

‖光照程度:瓜叶菊喜光,每天至少要接受4~5小时的光照,否则会让花色不够鲜艳,植株柔弱。

‖浇水方式:瓜叶菊对水的需求量较大,缺水时容易出现叶片萎靡甚至枯黄的现象。但是浇水过多也会导致烂根或者植株腐烂。所以平时保持盆土湿润即可,但注意不能使盆内积水。

‖繁殖要点:一般7月下旬播种,将种子和少量细沙混合播种在浅盆中,保持盆土湿润,放在荫蔽的环境中,1周左右出苗。

① 使用浅盆法播种，将种子与少量细沙混合均匀后播在浅盆中，注意撒播均匀。

② 5~6个月之后，瓜叶菊开花了，注意室温不要超过15℃。

③ 开花后可适当少追肥，但不能断肥。施肥前应适当控水。

花友秘授

采种要诀： 瓜叶菊的种子容易飞出散落，所以在种子顶部刚露出白色冠毛的时候就要进行采摘。将收集起来的种子晒干，除去杂质后放在干燥通风处贮藏即可。

开花要诀： 在孕蕾期间喷施花朵壮蒂灵，可以使开出的花大而鲜艳，香味也更浓郁，花期也可以被延长。

施肥要诀： 生长期间每个2星期施一次液肥，孕蕾期间施1~2次磷钾肥，注意尽量不施氮肥，以免造成徒长。

修剪要诀： 瓜叶菊要进行适当的修剪，将底部的3~4节侧芽剪去可以有效减少养分消耗和枝叶拥挤，有利于株型和开花。

杜鹃，
花中西施美不胜收

　　杜鹃花为多年生落叶灌木，是世界上最著名的观赏花卉之一。花通常为五瓣，管状，颜色鲜艳繁多，有深红、淡红、玫瑰、紫色、白色等。大片盛开时绚烂夺目，被人们誉为"花中西施"。因为叶片长满绒毛，所以它还能吸收空气中的灰尘，起到净化空气的作用。

绿植小名片

种植难度：高√ 中 低
别名：艳山红、映山红、金达莱、羊角花
生产地：世界各地均可种植
所属类型：杜鹃花科杜鹃花属观花植物
种植方式：一般以播种、扦插、嫁接为主
收获时间：春季或冬季

种植基本功

土壤要求：要求疏松肥沃、富含丰富腐殖质的酸性砂质土壤。

光照程度：冬季可以全天放置在阳光充足的地方，夏季避免在烈日下暴晒，以免灼伤和造成植株徒长。

浇水方式：生长期要适量浇水，夏季气温高时要开始增加水量，经常保持土壤湿润。入秋后水量逐减，冬季等盆土干后再浇水。

繁殖要点：用排水性较好的粗粒土壤在浅盆内铺底，种子均匀播撒后，再覆盖一层细土，浇水浸透土壤，盖一层薄膜或者玻璃保持湿润，放在阴凉处，20天左右发芽。

微农场·成长秀

1 将杜鹃种子进行春播，温度保持在15~20℃为宜，大约20天后出苗。

2 杜鹃的植株慢慢生长成熟，注意如果是在高温季节，午间和傍晚要往地面和叶面喷水降温，杜鹃开始开花了。

3 杜鹃的花越来越多，开花期间尤其需要更多的水分。

花之秘密

采种要诀：花谢后，等果实呈现绿褐色或黄褐色时即可采收。放在室内晾干，等它裂开后将种子取出来，放在干燥通风处备用。

施肥要诀：杜鹃喜肥，但是肥料不宜过浓。生长旺季每隔10天左右施一次稀薄饼肥，入冬前再施1次少量干肥。

修剪要诀：杜鹃花要及时进行修剪，一般在春秋两季进行，将过密枝、重叠枝、病弱枝剪去，花谢后及时剪去残花和花梗。这样能使养分集中，使株型更好，开花更鲜艳。修剪可以影响花期，比如在生长期修剪，花期会延迟40天左右，如果在扦插时修剪，花期可能会推迟到次年。

红掌，
镶金嵌玉火鹤花

红掌为多年生常绿草本植物，是典型的半肉质须根系，而且具有气根。植株长到一定高度就从每个叶腋部分抽出花蕾，并能常年开花。叶片翠色欲滴，花朵鲜红艳丽，花穗金黄，整个植株显现大气、端庄的气质，令人赏心悦目。在世界各地都属于需求量很大的热带高档观赏花卉。

绿植小名片

种植难度：高 中√ 低
别名：花烛、安祖花、火鹤花、红鹅掌
生产地：我国各地均可种植
所属类型：天南星科花烛属观花植物
种植方式：一般以分株、扦插、播种、组织培养为主
收获时间：一年四季均可开花

种植基本功

土壤要求：必须是保水保肥能力强、疏松透气、排水良好的有机土壤。

光照程度：红掌是喜阴植物，过度的阳光照射，会让叶片变色甚至灼伤焦枯。平时可以放在光线足够明亮的地方。

浇水方式：红掌喜欢湿润，春季和秋季可以每隔3天浇一次水，夏季高温时节可以每天查看盆土的湿润情况来控制浇水量。冬季则5～7天浇一次水即可。

繁殖要点：5～9月是最适合播种的时间，播种前先用清水将种子洗干净，让它充分吸收水分后再进行播种。播种完后要把花盆放在庇荫的地方，保持温度，等待发芽。

微农场·成长秀

1 选择适当高度的红掌花苗，将其栽种在花盆里。几周之后，红掌就会萌发生根。

2 植株长到一定时期，叶腋下开始抽生花蕾了。

3 红掌开花了，开花期适当减少浇水，增加磷肥和钾肥，红掌的花朵越来越多了。

花友秘授

采种要诀：红掌如果有种子，成熟后就要立即采下播种，久放不容易发芽。

授粉要诀：播种繁殖出的红掌，花朵盛开后上面附着很多白色花粉，可以用小刷子沾着花粉进行人工授粉，可以促使花朵受精结子。

养护要诀：红掌的植株要经常注意淋水，以保持土壤的湿润。在干燥炎热的天气，叶面也要适当喷水，即是帮助去除叶面灰尘，也减轻了根部吸水的负担。

施肥要诀：红掌喜肥，肥料可以结合浇水一起进行，在生长季和开花前，每周施1~2次含氮磷钾的复合液肥，开花期间半个月追肥一次，或者也可以买红掌专用肥料使用。

郁金香，
清新隽永的"洋荷花"

郁金香为多年生草本植物，茎为扁圆锥形或卵圆形，花在植株顶端盛开，有6片花瓣，颜色鲜艳丰富，有鲜黄、紫红、白、粉红、洋红、褐色、橙色等，颜色深浅不一，亭亭玉立，气质高贵。除了盆栽欣赏外，它还能入药，能够治疗口臭、胸闷、脾胃虚弱等疾病。

绿植小名片

种植难度：高 中√ 低
别名：洋荷花、草麝香、郁香
生产地：我国各地均可种植
所属类型：百合科郁金香属观花植物
种植方式：一般分球繁殖和播种繁殖为主
开花时间：春季或冬季

🌹 种植基本功

🏔 ‖土壤要求：以排水良好、疏松肥沃的砂质土壤为最佳。可以用牛粪或腐叶土作为基肥。

☀ ‖光照程度：郁金香喜光，除了在发芽时要遮光外，出苗之后就需要阳光充足的环境，光照不足，易使植株长得瘦弱，花期缩短。在花蕾有颜色之后，要避免阳光直射，可以延长开花时间。

👁 ‖浇水方式：栽种后要浇透水，使土壤和种球紧密结合，更有利于生根，发芽后要控制水量，叶片稍微长长后可以在叶面喷水增加湿度，抽薹和孕蕾期要保证水分的充足。开花后再次控制浇水，避免水量过多缩短花期。

繁殖要点：母球生长一年后，周围能分生出1～2个大鳞茎和3～5个小鳞茎。按种球大小分开种植，大球当年开花，小球1～2年后也能开花。

微农场·成长秀

❶ 进行球根种植后，郁金香长出了花蕾和叶子。

❷ 花蕾逐渐变色，慢慢长大，颜色越发艳丽。

❸ 郁金香的花朵完整地盛开了。

花之秘密

贮藏要诀：郁金香的球茎含有很多淀粉，所以在贮藏期间往往容易被老鼠啃食，要注意收藏好。

施肥要诀：郁金香喜肥，播种前一定要在盆土内放足基肥，可以牛粪或鸡粪做基肥，并充分灌水。发芽后追施1～2次液肥，在生长期每个月施3～4次氮、磷、钾的复合肥。开花期间停止施肥，开花后再追施1～2次复合液肥。

茉莉，
洁白玲珑一抹香魂

茉莉是常绿小灌木或藤本状灌木，枝条细长，叶片有光泽，叶面有微微褶皱。花朵顶生或腋生，一般3～4朵。颜色纯白，花开时散发出浓郁的花香，令人陶醉。品种繁多，主要有双瓣茉莉、单瓣茉莉、多瓣茉莉等。除了在室内观赏外，它还能用于花茶的制作，味道清香甘甜。

134

绿植小名片

种植难度：高 中√ 低

别名：香魂、没丽、木梨

生产地：我国各地均可种植

所属类型：木樨科素馨属观花植物

种植方式：一般扦插种植

开花时间：6～10月，11月至次年3月

 种植基本功

土壤要求：忌碱性土壤，要求肥沃、排水良好，透气性强且以含丰富腐殖质的砂质或半砂质土壤为最佳。

光照程度：茉莉花喜光，光照不足则花稀少香味。在夏季应避免长时间烈日暴晒。

浇水方式：茉莉喜欢湿润环境，不耐旱，也不耐涝，所以，夏季高温时每天可以浇两次水，多雨季节要减少浇水量，及时清理盆内积水以防烂根。平时保持盆土湿润即可。

繁殖要点：一般在4～10月进行扦插。苗床泥沙各半，插后覆盖薄膜，40～60天生根。

微农场·成长秀

① 使用扦插繁殖，选取成熟的1年生枝条，去除下部叶片后进行扦插，40~60天后生根。

② 植株生长期间每周施一次饼肥，春季换盆后要经常摘心整形。

③ 茉莉开花了。盛花期后要重剪，以利萌发新枝，使植株整齐健壮，开花旺盛。

花友秘授

施肥要诀：茉莉特别喜肥，生长期要多施有机肥和磷钾肥，每月2次。孕蕾期间，要追施磷钾肥。切忌不要施过多的氮肥，以免植株徒长，不开花。

开花要诀：开花期间不能在花朵表面喷水，否则会让花提前谢落，或者香味消失。

修剪要诀：茉莉花需要经常修剪摘心才能保持好的株型。新梢长势过旺的话要在其生长到10厘米的时候摘心，促使二次发梢，这样就可以开花更多，而且株型紧凑好看。花败谢后及时把花枝剪掉可以减少养分的消耗，也可以让茉莉多开花。

白掌，
纯洁平静的清白之花

　　白掌为多年生常绿草本观叶植物。一般是丛生状，叶子呈长圆形，尖部细长，花是佛苞状，没有花瓣，只有一块白色的苞片和肉穗组成，形似人的手中，故而得名，有淡淡清香。品种繁多，有绿巨人、香水白掌、神灯白掌、大叶白掌、梦娜罗亚白掌等。栽植白掌不仅可以用来观赏，它还有过滤空气的作用。

种植基本功

土壤要求：要求疏松、排水性好、透气性强、富含有机质的土壤。可以用腐叶土、泥炭土和少量珍珠岩混合作为基质。

光照程度：早春和冬季白掌需要充足的光照，夏季进入后就开始遮阴，不宜长时间在烈日下暴晒，以免枯萎、死亡。

浇水方式：生长期要给足水分，经常保持盆土湿润，夏季高温时期还可以对叶面喷水来提高湿度，以免因环境干燥而使叶片变小，甚至脱落。秋末和冬季要减少水量，保持湿润即可。

繁殖要点：播种适合在25℃左右的温度下进行，温度太低容易使种子腐烂。播种后，保持盆土湿润，放在阴暗处等待发芽。

绿植小名片

种植难度：高 中√ 低

别名：荷叶芋、一帆风顺、和平芋

生产地：世界各地均可种植

所属类型：天南星科荷叶芋属观叶植物

种植方式：一般播种、分株为主

开花时间：5～8月

136

微农场·成长秀

① 采用分株繁殖，在早春新芽生出之前，将整株从基部切开进行分株。

② 植株生长期间，要保持盆土的湿润，但要避免浇水过多。

③ 栽植8个月后，白掌开花了，白色的花朵看上去十分优雅。

④ 花期保持环境的亮度，如果光线不够，会使花期缩短。

花茎秘笈

采种要诀：开花后的白掌可以通过人工授粉得到种子，最好随采随播，也可以晒干后在干燥蔽荫的环境中保存备用。

通风要诀：白掌对湿度的要求比较大，可以用套塑料袋的方式保持它的湿度，但是在光照情况下要在塑料袋上开个通风口，以免袋内温度过高而导致腐烂。

施肥要诀：白掌喜肥，在生长季需要大量的肥料，每隔1~2周给它施1次液肥即可。

大花蕙兰，
豪放壮丽虎头兰

大花蕙兰是兰花中的一种，它是兰花杂交出来的一个新品种。它的叶片非常细长，呈碧绿色，花姿脱离了兰花的小家碧玉之感，而显现出一种豪放的姿态，看起来有壮观之感，同时又不失典雅的美态，目前在花卉市场上非常抢手，也深受广大花卉爱好者的喜爱。

138

绿植小名片

种植难度：高 中√ 低
别名：虎头兰、蝉兰
生产地：世界各地均可种植
所属类型：兰科兰属
种植方式：一般以组织培养为主
开花时间：根据品种不同，一般为10月至次年4月

种植基本功

▲‖土壤要求：大花蕙兰对栽种时基质的疏松透气性要求非常高，所以现在一般使用颗粒较大的培养基质来种植。

☀‖光照程度：大花蕙兰喜光，能耐一定程度的光照。

🦅‖浇水方式：大花蕙兰喜温喜湿，同时喜欢阳光照射，摆放在室内时，湿度控制在60%～80%即可，一定要放到通风的地方，否则就会换上病害。土壤做到见干见湿，不干不浇水，浇水则要浇透。

🌱‖繁殖要点：以组培为主。大花蕙兰的种子繁殖变异较大，而分株繁殖的病菌携带量大，不易管理。

微农场·成长秀

① 一般从花卉市场买回的大花蕙兰就已经有了许多的花骨朵，注意室温要保持在5℃以上，否则会影响开花。

② 大花蕙兰的花骨朵终于绽开了，出现了一朵朵的小花。

③ 花朵越来越多了，注意这期间保持温度，延长花期。

花友秘授

保温要诀：温度对大花蕙兰花期的影响非常大，如果不注意调控，尤其是温差过大，就会导致大花蕙兰直接落蕾；如果想要花儿在春节期间开放，建议将室温控制在10~15℃，在这种温度下不仅叶片油绿有光泽，花苞也会顺势开放。

施肥要诀：在生长期可以按照氮磷钾1：1：1的比率追肥；在催花期可以按照1：2：3的比率追肥，液肥的酸碱度要保持在5~6。

仙人球，
带刺的绿色空气净化使者

仙人掌为多年生常绿肉质植物。它是我们平时最常见一种观赏绿植，它特殊的构造给人留下深刻的印象。为适应沙漠干燥气候，它的茎变成肉质多浆，可以贮藏大量水分，而叶变成了针刺，可以大大减少水分的蒸发，以在干旱条件下得以生长。

绿植小名片

种植难度：高 中 低√
别名：草球、长盛球
生产地：我国各地均可种植
所属类型：仙人掌科柱状仙人掌亚科仙人球属
种植方式：一般在春夏季扦插繁殖为主
观赏时间：一年四季均可观赏，4~6月为花期

种植基本功

土壤要求：可用壤土2份、腐叶土2份、河沙3份，外加陈灰墙屑1份混合配制，要求排水良好。

光照程度：在栽培过程中只要温度条件许可，且不是多雨季节，应尽可能地将仙人球放到室外养护，因室外通风良好，紫外光较高，有利于植株生长健壮，及早达到生殖成熟。

浇水方式：生长期要浇水，休眠期少浇水甚至不浇水。夏季浇水一般在早晨或傍晚进行。对纤细长毛的种类，浇水要特别注意不要溅到长毛，否则易引起腐烂或发黑。

繁殖要点：一般选用扦插繁殖。选取母株上成熟的茎节的一部分，用利刀割下，切口涂少量硫磺粉或草木灰，并让插穗稍晾1～2天后插入湿润的砂中，不使盆土过湿。

① 在仙人球的生长期，每半个月施肥一次，这样可以帮助其维持更好的生长。

④ 仙人球在清晨开花了，只持续了一天，花儿就谢了。

③ 仙人球长得越来越大，如有需要应当进行及时换盆。

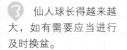

花卉私授

施肥要诀：仙人球应少肥。在生长季节增加施肥，可促成植株生长并能尽早观赏。一般气温高于32℃、低于20℃均应停止施肥，以免出现肥害伤根的情况。

防病要诀：如果是新上盆的植株及生长不良、根系损坏的植株，根茎处有伤口的植株，被红蜘蛛危害后已经全部呈铁锈色的自根栽培植株，均不可施肥，以免加重病害。

常春藤，
生机勃勃的绿色家园

有一种植物，它会爬墙，又会爬树，而且无论春夏秋冬，在它们的世界里没有枯萎、凋谢，始终是一片绿色盎然、生机勃勃的景观，它就是常春藤。常春藤为多年生常绿木质藤本植物，摆放于客厅、起居室内，或种植于阳台作为花墙，都使人赏心悦目。

绿植小名片

种植难度：高 中√ 低

别名：旋春藤、常青藤、洋爬山虎

生产地：我国各地均可种植

所属类型：五加科常春藤属

种植方式：一般在春季或秋季扦插种植为主

观赏时间：四季均可

土壤要求：喜湿润、疏松、肥沃的土壤，不耐盐碱。

光照程度：喜光，也较耐阴，放在半光条件下培养则节间较短，叶形一致，叶色鲜明，因此宜放室内光线明亮处培养。

浇水方式：要求温暖湿润的环境，在生长期要保证供水，经常保持盆土湿润，防止完全干燥。在空气干燥的情况下，应经常向叶面和周围地面喷水，以提高空气湿度。冬季应少浇水，使盆土处于湿润偏干状态，但要向叶面喷水，增加空气湿度。

繁殖要点：一般使用扦插繁殖。剪取长约10厘米的1～2年生枝条作插条，插在粗砂、蛭石为基质的苗床或直接插于具有疏松培养土的盆中。约两周左右可生根。母株的走茎发根后也可剪下种植。

微农场·成长秀

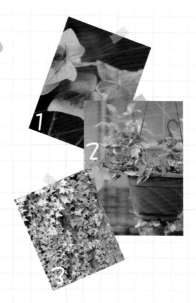

❶ 扦插后的常春藤移栽在盆内，保持适宜的温度和湿度，3~4周就会慢慢生根。

❷ 常春藤越来越茂盛，注意保持环境温度在20~25℃，这样能生长得更加顺利。

❸ 当常春藤长到一定高度时，要注意修剪和摘心，促使其多分枝，则株形显得丰满。

花友秘笈

扦插要诀：扦插时务必要注意两点，一是插条不能采用多年生老枝，而要选用生长粗壮的嫩枝。因为老枝不易生根，即使生了根，日后攀援性也很差。二是要注意保护好插条上的芽点。由于洋常春藤枝条的芽点很小，稍不留意很容易被抹掉。因此在劈除插条下部叶片时，千万要注意不能同时将芽点抹掉。

施肥要诀：生长季节2~3周施1次稀薄饼肥水。一般夏季和冬季不要施肥。施肥时切忌偏施氮肥，否则，花叶品种叶面上的花纹、斑块等就会褪为绿色。氮、磷、钾三者的比例以1：1：1为宜。施肥时避免沾污叶片。

修剪要诀：修剪要及时，小苗上盆（最好每盆栽3株），长到一定高度时要注意及时摘心，促使其多分枝。

龟背竹，
叶形奇特的"蓬莱蕉"

龟背竹是多年生常绿藤本植物。它为半蔓型，茎粗壮，节多似竹，故名龟背竹；茎上生有长而下垂的褐色气生根，可攀附它物向上生长。叶厚革质，颜色为暗绿或绿色。幼叶呈心脏形，没有穿孔，长大后叶呈矩圆形，具不规则羽状深裂，自叶缘至叶脉附近孔裂，如龟甲图案一样，非常有特点，因而在家庭盆栽绿植之中非常受欢迎。

⑭

绿植小名片

种植难度：高 中
　　　　　√ 低
别名：蓬莱蕉、铁丝兰、龟背蕉、电线莲
生产地：我国各地均可种植
所属类型：天南星科龟背竹属
种植方式：一般在春秋两季茎节扦插为主
观赏时间：一年四季

种植基本功

土壤要求：盆栽通常用腐叶土、园土和河沙等混合作为基质。

光照程度：不耐寒，忌烈日直射。盛夏应放在室内，冬季可移至室内向阳处。

浇水方式：浇水应掌握宁湿不干的原则，经常保持盆土潮湿，但不积水，春秋季每2～3天浇水1次。盛夏季节除每天浇水外，需喷水多次，以保持叶面清新，冬季应少浇水。

繁殖要点：龟背竹繁殖主要以扦插方法为主。早春4月从茎上剪下带节的部分，要求至少能带两个节，将气根去掉，带叶直接扦插在栽植的盆中，浇透水，放置在温暖潮湿而又能遮阴的地方，温度保持在21～27℃的条件下，1个月左右即可生根。

微农场·成长秀

① 在春季4~5月进行扦插繁殖，剪去基部的叶片，保留上端的小叶，大约1个月后开始生根。

② 生根之后，茎节上的腋芽也开始萌动展叶，保持室温在10℃以上。

③ 龟背竹成活了，注意避免强光的暴晒，平时还要保持盆土的潮湿，但不要积水。

 花房私授

施肥要诀：龟背竹为较喜肥的花卉，4~9月可每隔15天施1次稀薄饼肥水。

修剪要诀：龟背竹为大型观叶植物，茎粗叶大，给成年植株进行分株时要设架绑扎，以免倒伏变形。待定型后将支架拆除。同时，定型后茎节叶片生长过于稠密、枝蔓生长过长时，注意整株修剪，力求自然美观。

防病要诀：龟背竹的虫害主要有红蜘蛛、介壳虫等，一般喷施专杀药剂进行防治，由于龟背竹的叶片比较大，一般选择常擦拭或刷除防治。病害主要有炭疽病、煤污病，一般是由于环境不适及虫害污染所致，一是及时消灭虫害，二是喷施广谱性杀菌剂，如多菌灵、代森锌、百菌清、爱美、敌力脱等。

万年青，
四季常青 "冬不凋"

万年青为多年生常绿草本植物。它的根状茎粗，呈黄白色，有节，节上生多数细长须根。叶自根状茎丛生，质厚，披针形或带形，边缘略向内褶，基部渐窄呈叶柄状，上面深绿色，下面淡绿色，直出平行脉多条，主脉较粗。万年青是一种四季常青的观叶植物，既美观又实用。

绿植小名片

种植难度：高 中 低√

别名：开喉剑、九节莲、冬不凋、铁扁担

生产地：我国各地均可种植

所属类型：假叶树科万年青属

种植方式：一般在春季4月~5月扦插繁殖

收获时间：一年四季

种植基本功

土壤要求：盆栽用土可用腐叶土7份、壤土3份加沙1份混合配制。

光照程度：耐半阴，忌日光过分强烈，但光线过暗也会导致叶片褪色。

浇水方式：万年青喜水湿，3~8月生长期要多浇水。夏季需经常洒水，增加环境湿度。

繁殖要点：扦插繁殖。春夏都可进行，取10~15厘米长的嫩枝，插入黄沙介质中，20~30天生根，以后视植株大小换入新盆。

微农场·成长秀

① 截取茎顶端7~10厘米长的万年青，去掉下部的叶片，扦入砂中，保湿。

② 大约两周之后，万年青就生根了。

③ 万年青的叶子越来越茂盛，生长过程中要注意支撑。

花友秘授

挑选要诀：如何挑选到质量好的万年青呢？万年青品种繁多，首先，要确定自己喜欢的品种；其次，要选择棵形丰满、姿态优美、叶色浓绿有光泽的植株。花叶类的则要求色斑对比强烈、明亮，叶片完整无空洞、无开裂、茎杆挺拔；最后，在卧室摆放的株型不宜过大。

施肥要诀：生长期每月施氮肥，促其迅速长大，3~8月每两周施1次肥水。秋后减少施肥。

换盆要诀：每年3~4月或10~11月换盆一次。换盆时，要剔除衰老根茎和宿存枯叶，用加肥的酸性栽培土栽植。上盆后要放在遮阴处几天。

芦荟,
种在花盆里的美容帮手

芦荟是多年生常绿草本植物。它叶大而肥厚,簇生,呈狭长披针形,花为黄色或有赤色斑点,叶边缘有尖锐的锯齿,花像穗子。芦荟不仅外形美观,它最为人们熟知的便是它的巨大功效:美容养颜,排毒润肠。

绿植小名片

种植难度:高 中√ 低

别名:卢会、讷会、象胆

生产地:我国各地均可种植

所属类型:百合科芦荟属

种植方式:一般在春季3~4月扦插繁殖

观赏时间:一年四季

种植基本功

土壤要求:要求盆土松疏肥沃,要有良好的排水、保肥、透气等性能。

光照程度:芦荟多喜光照,在生长季节最好放在室外通风和光照好的地方,但夏季炎热的季节要适当遮光,冬季应放在高于5℃向阳的地方即可安全过冬。

浇水方式:浇水时最好不要从头上浇,而应从旁边或根部浇。春秋季要在早上浇水,一周浇水一次为宜;夏季最好每天浇水一次,应在傍晚浇水;冬季半月浇一次水。

繁殖要点:多采用分株法。可以在换盆的同时进行分株,在植株的基部会出现幼小的植株,待幼小的植株长至8厘米高时,方可从母株上切下,并且种在培养土中,置于半遮阴的环境下,保持盆土湿润。

微农场·成长秀

①　将芦荟幼株从母体分离出来，另行栽植。注意此时的芦荟还不能过多晒太阳。

②　注意一盆中不要有过多的植株，以免无法得到充足的营养和生长空间。

③　芦荟植株越长越高了，可以开始在阳光下茁壮成长。

④　芦荟生长越来越茂盛，如果生长过多，注意要及时移盆。

花友秘授

　　换盆要诀：芦荟生长较快，宜每年春季换一次盆。盆垫瓦片，上垫2～3厘米炉灰渣、石子、砖块等作排水层，再垫一层培养土，然后放正植株，周围填满新土，轻轻墩实，浇一次透水，以排水孔稍滴水为宜。花盆选用泥盆。

　　施肥要诀：通常可以不施肥，生长期也可以施2～3次腐熟的稀薄液肥或淘米水，则生长更好，不宜施过浓的肥。伏天不宜施肥，以免烂根。

吊兰,
飞扬在空中的折鹤兰

吊兰为多年生宿根草本植物。具簇生的圆柱形肥大须根和根状茎。叶基生,由盆沿向下垂,舒展散垂,常在花茎上生出数丛由株芽形成的带根的小植株,十分有趣。远视之,那悬动的丛丛新株,极似仙鹤展翅,荡荡乎大有凭虚御风之概,更加妙不可言。它姿态潇洒、淡雅清心,给人以宁静的享受,素有"绿色净化器"的美称。

绿植小名片

种植难度:高 中 低√

别名:垂盆草、桂兰、钓兰、折鹤兰

生产地:我国各地均可种植

所属类型:百合科吊兰属

种植方式:春夏秋均可扦插、分株繁殖

观赏时间:一年四季

种植基本功

土壤要求:吊兰对各种土壤的适应能力强,栽培容易。可用肥沃的沙壤土、腐殖土、泥炭土或细沙土加少量基肥作盆栽用。

光照程度:吊兰喜半阴环境。春秋应避开阳光直晒,夏季只能早晚见些斜射光照,白天需要遮去阳光的50%~70%。

浇水方式:夏天每天早晚应各浇水一次,春秋季每天浇水一次,冬季禁忌湿润,可每隔4~5天浇水一次,浇水量也不宜过多。另外,3~9月生长旺季需水量较大,要经常浇水及向叶面喷雾,以增加湿度。

繁殖要点:通常用分株法繁殖,除冬季气温过低不适宜分株外,其他季节均可进行。可以剪取花茎上带根的小苗进行盆栽。

微农场·成长秀

① 在春季3月进行播种，因为种子颗粒不大，播下种子后上面的覆土不宜厚，一般0.5厘米即可。

② 保持温度15℃左右，2周后，种子就发芽了，株苗成形后即可进行移栽。

③ 吊兰在盆中生长成形了，注意经常清洗叶面。

花农秘授

　　施肥要诀：生长季节每两周施一次液体肥。花叶品种应少施氮肥，否则叶片上的白色或黄色斑纹会变得不明显。环境温度低于4℃时停止施肥。

　　修剪要诀：平时随时剪去黄叶。每年3月可翻盆一次，剪去老根、腐根及多余须根。5月上、中旬将吊兰老叶剪去一些，会促使萌发更多的新叶和小吊兰。

　　防病要诀：吊兰病虫害较少，主要有生理性病害，叶先端发黄，应加强肥水管理。经常检查，及时抹除叶上的介壳虫、粉虱等。吊兰不易发生病虫害，但如盆土积水且通风不良，除会导致烂根外，也可能会发生根腐病，应注意喷药防治。

虎尾兰，
虎皮衣裳千岁兰

虎尾兰为多年生肉质草本植物。它具有匍匐的根状茎，根茎上着生漏斗状叶簇。叶片直立，革质且肥厚，呈披针形，叶片为浅绿色，也有的是不规则暗绿色，上有横带状斑纹。虎尾兰叶片硕大鲜艳，极具观赏价值，是居室必备的健康绿植。

152

绿植小名片

种植难度：高 中√ 低
别名：虎皮兰、千岁兰、锦兰
生产地：我国各地均可种植
所属类型：龙舌兰科虎尾兰属
种植方式：一般在春季分株或扦插种植
观赏时间：一年四季

种植基本功

土壤要求：盆栽可用肥沃园土3份、煤渣1份，再加入少量豆饼屑或禽粪做基肥。

光照程度：喜光，也耐半阴。夏季怕强光暴晒，应遮阴50%，冬季需充足的阳光。

浇水方式：生长期虎尾兰浇水要掌握宁干勿湿的原则，春季根颈处萌发新株时，要适当多浇水，保持盆土湿润，雨季切忌让盆中积水。平时可用清水擦洗叶面灰尘，保持叶片清洁光亮。

繁殖要点：一般采用分株法和扦插法繁殖。分株法一般结合春季换盆进行，方法是将生长过密的叶丛切割成若干丛，分别上盆栽种即可。

微农场·成长秀

① 将虎尾兰的植株分植在花盆里，注意除了叶片之外，还要有一段根状茎和吸芽。

② 注意保持土壤排水性良好，不久后就会长得越来越茂盛。

③ 1～2月的时候，虎尾兰开花了。注意保持室温不要低于10℃，才能安全越冬。

花之私授

避光要诀： 如长期摆放在室内的，不要突然直接移至阳光下，应先移放在光线较好处让它有个适应过程后再见阳光，否则叶片容易被灼伤。北方需在11月上旬入室，室温保持在0℃以上就能安全越冬，但在这一时期盆土不要过湿，并要让它多接受阳光。

修剪要诀： 夏季虎尾兰的发芽速度和新叶生长较快，待盆内长满时，可采用间苗的方法用剪刀沿根部去除老的叶子，让新叶子能够充分得到光的照射和生长的空间。一般情况下，每两年应换一次盆，目的是去除老的根系和老的叶子，换些新土增加土中的养分，保持整盆花卉的新鲜和外表美观。

施肥要诀： 虎尾兰对肥料无很大要求，在生长期若能10～15天浇一次稀薄饼肥水，可生长得更好。

文竹，
桌面上的微型云片松

文竹是多年生常绿藤本植物。文竹根部稍肉质，茎柔软丛生，叶退化成鳞片状，呈淡褐色，着生于叶状枝的基部；叶状枝有小枝，呈绿色。主茎上的鳞片多呈刺状。它的叶片纤细秀丽，密生如羽毛状，翠云层层，株形优雅，独具风韵，深受人们的喜爱，是著名的室内观叶花卉。"文竹"意寓"文雅之竹"，虽然它并非竹，然而人们欣赏它如竹般潇洒自然的姿态以及桀骜不驯的气节。文竹已成为时下最受欢迎的绿植盆栽之一。

绿植小名片

种植难度：高 中√ 低
别名：云片松、刺天冬、云竹
生产地：我国各地均可种植
所属类型：百合科天门冬属
种植方式：初春播种或春季翻盆分株种植
观赏时间：四季均可

种植基本功

土壤要求：文竹适合在温暖湿润、富含腐殖质且排水良好的土壤中生长。

光照程度：盆栽应适当给予光照，但切忌烈日暴晒。夏秋炎热季节，应置于荫蔽通风之处。

浇水方式：盆土见干时再浇水，春秋季节应减少浇水，坚持不干不浇，冬季控制浇水。

繁殖要点：可播种或分株繁殖，以播种为主。播种：种子成熟后随采随播，播前浸种24小时，并多次冲洗果皮。播后覆薄土，浇透水，保持湿润，经30天左右出苗。分株：春季换盆时对3～5年生的大植株用利刀顺势分成2～3丛，然后上盆栽种。

微农场·成长秀

❶ 在春季换盆时进行分株，将分栽后的文竹浇透水，放在半阴处或者进行遮阳。

❷ 适当控制浇水，十几天后分株的文竹即可稳定生长。

❸ 当植株生长越来越茂密，可以进行适当的整形。

花草秘籍

　　施肥要诀：文竹并非喜肥植物，但也不可缺肥。施肥宜薄宜勤，千万不可施浓肥，否则容易引起枝叶发黄。春夏生长季节，以氮肥为主，每月施1次腐熟的薄液肥。当植株定型后，要适当控制施肥。

　　修剪要诀：要控制文竹的生长高度。文竹叶片轻柔，枝有节似竹，姿态优雅潇洒，很受人们喜欢。但盆栽文竹应以低矮为佳。随着文竹生长年份的增加，有时会越长越高，变得张牙舞爪，失却文雅之趣。可以利用春天文竹生长旺季，若新芽过于粗壮，即将其剪除，再萌发的新芽则会比较细小，每剪一次即细小一次，直至满意为止。

　　养护要诀：文竹最怕烟尘和有害气体，养护应放于空气流通处，以避免污染。还应多向叶面喷水，冲洗尘灰。

滴水观音，
水滴声声的"隔河仙"

滴水观音是多年生草本植物。它的地下生长着肉质根茎，地上的茎粗壮且高，叶柄很长，叶片则是它最神奇的部位：聚生于茎的顶端处，边缘呈现微波状，叶顶端为尖状，在水分充足、湿度较大时会自行从叶尖处滴水，而被称作"滴水观音"。

绿植小名片

种植难度：高 中
√ 低

别名：滴水莲、佛手莲、海芋

生产地：我国各地均可种植

所属类型：天南星科海芋属

种植方式：一般在春季播种或夏秋季分株繁殖

观赏时间：一年四季

种植基本功

土壤要求：可用腐叶土、泥炭土、河沙加少量沤透的饼肥混合配制的营养土栽培。通常每年春季换盆1次，可每月松土1次，保持盆土处于通透良好的状态。

光照程度：滴水观音喜阴，不要让阳光直射，应稍有遮阴即可。

浇水方式：滴水观音在夏天要多浇水，但不能过度，适宜时干时湿，土中不能有积水，否则块茎会腐烂。冬季要休眠，应少浇水。

繁殖要点：可用分株、播种等方法。每逢夏、秋季节，海芋块茎都会萌发出带叶的小海芋，可结合翻盆换土进行分株。秋后果熟时，采收橘红色的种子，随采随播，或晾干贮藏，在翌年春后播种。

① 在夏季翻盆换土时进行分株，将萌发出的带叶子的小海芋进行移栽。

② 进行适当的湿度和温度控制，滴水观音的叶子萌发得越来越多了。

③ 在夏季要多浇水，冬季少浇水，并将那些发黄干枯的大叶子连同茎部一起削掉。

④ 在温度合适的环境下，滴水观音开花了。

采种要诀：秋后果熟时，采收橘红色的种子，随采随播，或晾干贮藏，以备来年使用。

施肥要诀：滴水观音喜肥，每月要给滴水观音施肥。经常坚持盆土湿润，每月施1～2次以氮肥为主并混以磷、钾肥的稀薄液肥，追肥可用腐熟的豆饼水等液肥，每隔两周追施一次。冬季应停止施肥。

控高要诀：如果想要滴水观音小巧玲珑，那么只需等到它的幼苗生长到1尺（1尺≈33.33厘米）许、适合家庭摆放的时候，立即用2%的多效唑溶液喷洒全株，之后再长出的茎叶都高不过40厘米，且叶片肥厚，观赏价值很高。

绿萝，
守望幸福的竹叶禾子

　　绿萝是大型常绿藤本植物。绿萝的茎蔓粗壮，可长达数米，茎节处有气根。幼叶呈现卵心形，刚繁殖的幼苗叶片较小，颜色较淡。随着株龄的增长，成熟的叶片渐渐长成长卵形，浓绿色的叶面镶嵌着黄白色不规则的斑点或条斑。绿萝枝繁叶茂，郁郁葱葱，即使是在冬季，也给人以绿意盎然的奋发之感，颇受人们的喜爱。

绿植小名片

种植难度：高 中√ 低
别名：石柑子、竹叶禾子、黄金葛、黄金藤
生产地：我国各地均可种植
所属类型：天南星科绿萝属
种植方式：一般在春末夏初采用扦插或水插繁殖
观赏时间：一年四季

种植基本功

　　土壤要求：盆栽宜选用疏松、透气、排水性好的土壤，可以腐叶土为主，加2～3成园土混合或以泥炭土和珍珠岩混合调制。

　　光照程度：春、夏、秋三个季节应适当遮阴，冬季多见阳光，这样可以使得叶色油绿。

　　浇水方式：绿萝喜欢湿润，生长季节浇水以经常保持盆土湿润为宜，切忌盆土干燥，若浇水过多造成盆土积水，又易引起烂根、枯叶。冬季室温低要注意控制浇水。夏季在充分浇水的同时，还要注意经常向叶面上喷水。

❋ ‖ 繁殖要点：绿萝一般采用扦插法繁殖，扦插极易成活。剪取茎蔓15～20厘米长一段为插穗，剪去下部的叶片，仅留顶端叶片1～2个，斜插于沙床中，然后淋透水，保持湿润，以后要经常向插穗的叶面喷水，约十几天可生根。

微农场·成长秀

1 将健壮的绿萝藤剪成两节一段，扦插入介质中。

2 扦插后保持环境温度20℃以上，几天后就成活了。

3 绿萝生长得越来越茂盛，注意不要放在过于阴暗的场所。

4 绿萝长成了具有观赏性的成熟植株。

施肥要诀：为保持植株生长旺盛，一般3~4个月施一次完全肥即可。生长季节每2周左右施1次复合肥。

修剪要诀：在每年5~6月，应对绿萝进行修剪更新，促使基部茎干萌发新枝。每盆栽植或直接扦插4~5株，盆中间设立棕柱，便于绿萝缠绕向上生长。整形修剪在春季进行。当茎蔓爬满棕柱、梢端超出棕柱20厘米左右时，剪去其中2~3株的茎梢40厘米。待短截后萌发出新芽新叶时，再剪去其余株的茎梢。

养护要诀：注意光照，防止徒长。如长期将其放在光线过于阴暗的环境下，不仅会引起蔓性茎徒长，节间变长，株形稀散，而且叶面上的黄白条斑会变小而色淡，甚至色斑完全消失褪为绿色。应适当晒太阳，使之充分进行光合作用，但切忌暴晒。同时，温度低的时候要注意，因为极短的时间内，叶片就可能被冻伤。

本书编委会名单

策划创意：陈涛 魏孟囡 刘文杰 江锐 牛雯 阮燕
编辑整理：李先明 毛周 张兴 吕进 张涛 段志贤 邵婵娟 宋明静 马绛红 刘娟 黄熙婷
摄影摄像：涂睿 汪艳敏 杨爱红 薛凤
设计排版：童亚琴 熊雅洁 刘秀荣 李凤莲 杨林静 张宜会
美术指导：胡芬 李榜 曹燕华 杜凤兰 李伟华